U0156510

大数据处理与应用
(微课版)

贾新志　龚坚平　主　编

清华大学出版社

北京

内 容 简 介

本书以项目驱动的方式详细讲解大数据生态体系架构各方面的知识。主要涉及 ETL 的数据采集与清洗、离线数据仓库的构建和实时数据仓库的构建。

本书分为三个模块:模块一介绍大数据离线数据处理与分析,包含项目一和项目二,知识点覆盖 HDFS、Hive、Sqoop、MapReduce、Spark Core 和 Flink DataSet;模块二介绍大数据实时数据处理与分析,包含项目三和项目四,知识点覆盖 Kafka、Flume、Spark Streaming 和 Spark SQL;模块三介绍大数据处理与分析的扩展知识,包含项目五和项目六,项目五为基于大数据分析处理实现的推荐系统,项目六为大数据 ETL 数据采集的 CDC 技术。

本书可作为高等院校大数据与相关专业学生的教材,也可作为具有一定的 Java 编程基础的读者阅读,如平台架构师、开发人员和运维管理人员。

图书在版编目(CIP)数据

大数据处理与应用:微课版/贾新志,龚坚平主编. —北京:清华大学出版社,2023.12
ISBN 978-7-302-64672-3

Ⅰ. ①大… Ⅱ. ①贾… ②龚… Ⅲ. ①数据处理 Ⅳ. ①TP274

中国国家版本馆 CIP 数据核字(2023)第 175037 号

责任编辑:梁媛媛
封面设计:李 坤
责任校对:徐彩虹
责任印制:宋 林

出版发行:清华大学出版社
    网　　址:https://www.tup.com.cn, https://www.wqxuetang.com
    地　　址:北京清华大学学研大厦 A 座　　　　邮　编:100084
    社 总 机:010-83470000　　　　　　　　　　邮　购:010-62786544
    投稿与读者服务:010-62776969, c-service@tup.tsinghua.edu.cn
    质量反馈:010-62772015, zhiliang@tup.tsinghua.edu.cn
    课件下载:https://www.tup.com.cn, 010-62791865
印 装 者:三河市铭诚印务有限公司
经　　销:全国新华书店
开　　本:185mm×260mm　　印　张:13　　　字　数:316 千字
版　　次:2023 年 12 月第 1 版　　　　　　印　次:2023 年 12 月第 1 次印刷
定　　价:43.00 元

产品编号:099178-01

前　　言

我们生活在大数据时代。大数据不仅是技术，也是一种生产资料。对数据进行分析和挖掘能产生大量价值。数据是产生价值的基础，而大数据系统是一个包含多种技术框架的复杂系统，本书中的内容将覆盖大数据生态体系架构中的各个方面。其中主要涉及 ETL 的数据采集与清洗、离线数据仓库的构建和实时数据仓库的构建。

本书由一个项目准备和六个具体项目组成，具体项目有：企业人力资源员工数据的离线分析；电商平台商品销售数据的离线分析；网站用户访问实时 Hot IP 分析；实时分析用户信息访问数据；基于大数据平台的推荐系统；基于 CDC(获取数据变更)的实时数据采集。

本书所使用的相关组件及版本信息如下表所示。

大数据组件	版　本
操作系统	Red Hat Enterprise Linux 7，64 位
Hadoop	hadoop-3.1.2.tar.gz
Spark	spark-3.0.0-bin-hadoop3.2.tgz
Flink	flink-1.11.0-bin-scala_2.12.tgz
MySQL	mysql-5.7.19-1.el7.x86_64.rpm-bundle.tar
Hive	apache-hive-3.1.2-bin.tar.gz
ZooKeeper	zookeeper-3.4.10.tar.gz
Kafka	kafka_2.11-2.4.0.tgz
Storm	apache-storm-1.0.3.tar.gz
Java IDE 工具	Eclipse Version: 2019-09 R (4.13.0)
Scala IDE 工具	Scala IDE of Eclipse SDK 4.7.0

本书由贾新志、龚坚平担任主编，具体分工是：贾新志负责编写项目准备、项目一至项目三，龚坚平负责编写项目四至项目六。

由于大数据生态圈体系是构建在 Java 语言之上，因此本书适合具有一定 Java 编程基础的读者阅读，特别适合以下读者。

- 平台架构师：平台架构师通过阅读本书能够全面和系统地了解大数据生态圈体系，提升系统架构的设计能力。
- 开发人员：基于大数据平台进行应用开发的开发人员，通过阅读本书能够了解大数据的核心实现原理和编程模型，提升应用开发的水平。
- 运维管理人员：初、中级的大数据运维管理人员通过阅读此书在掌握大数据生态圈体系的架构基础上，能够提升大数据平台的运维管理经验。

由于编者水平有限，书中难免存在疏漏之处，敬请读者批评指正。

编　者

目　　录

项目四　实时分析用户信息访问数据　143

项目五　基于大数据平台的推荐系统　163

项目准备　搭建实验环境

在开始做项目之前需要安装部署大数据的基础组件，具体包括 Hadoop、Spark 和 Flink 等。图 0-1 所示为大数据平台的整体架构。

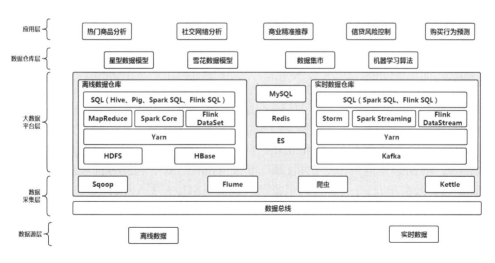

图 0-1　大数据平台的整体架构

大数据平台的整体架构分为五层：数据源层、数据采集层、大数据平台层、数据仓库层和应用层。下面分别进行介绍。

1. 数据源层

数据源层的主要功能是负责提供各种需要的业务数据，例如用户订单的数据、交易数据、系统的日志数据等。我们可以把能够提供的数据都称为数据源。数据源的种类多种多样，在大数据平台体系中可以把它们划分成两大类，即离线数据源和实时数据源。顾名思义，离线数据源用于大数据离线计算，而实时数据源则用于大数据实时计算。

2. 数据采集层

有了底层数据源的数据，就需要使用 ETL 工具完成数据的采集、转换和加载。在 Hadoop 体系中就提供了这样的组件。例如，可以使用 Sqoop 工具完成大数据平台与关系型数据库的数据交换；使用 Flume 工具完成对日志数据的采集。除了大数据平台体系提供的这些组件外，爬虫也是一个典型的数据采集方式。当然也可以使用第三方的数据采集工具，如 Kettle 工具完成数据的采集工作。

另外，可以在数据源层和数据采集层这两层之间加入数据总线。注意：数据总线并不是必需的，它的引入只是为了在进行系统架构设计时，降低数据源层与数据采集层之间的耦合。

3. 大数据平台层

这是大数据体系中的核心层，用于完成大数据的存储和大数据的计算。由于大数据平台可以看作数据仓库的一种实现方式，进而又可以分为离线数据仓库和实时数据仓库。下面分别进行讨论。

首先，介绍基于大数据技术的离线数据仓库的实现方式。底层的数据采集层采集到数据后，通常可以存储在 HDFS 或者 HBase 系统中，然后由离线计算引擎如 MapReduce、Spark Core、Flink DataSet 完成离线数据的分析与处理。为了能够在平台上对各种计算引擎进行统一的管理和调度，可以把这些计算引擎都运行在 Yarn 平台之上；接下来，就可以使用 Java 程序或者 Scala 程序来完成数据的分析与处理。为了简化应用的开发，在大数据平台体系中，也支持使用 SQL 语句的方式来处理数据，即提供了各种数据分析引擎，如 Hadoop 体系中的 Hive 工具，其默认的行为是 Hive on MapReduce。这样就可以在 Hive 工具中书写标准的 SQL 语句，从而由 Hive 的引擎将其转换成 MapReduce，进而运行在 Yarn 平台之上来处理大数据。常见的大数据分析引擎除了 Hive，还有 Pig、Spark SQL 和 Flink SQL。

其次，我们来讨论一下大数据技术的实时数据仓库的实现方式。底层的数据采集层采集到实时数据后，为了进行数据的持久化，同时保证数据的可靠性，可以将其采集的数据存入消息系统 Kafka，然后由各种实时计算引擎如 Storm、Spark Streaming 和 Flink DataStream 进行处理。与离线数据仓库一样，也可以把这些计算引擎运行在 Yarn 之上，同时支持以 SQL 语句的方式对实时数据进行处理。

最后，离线数据仓库和实时数据仓库在实现的过程中，可能会用到一些公共的组件，例如使用 MySQL 存储的元信息、使用 Redis 系统进行缓存。

4. 数据仓库层

有了大数据平台层的支持，就可以进一步搭建数据仓库层了。在搭建数据仓库模型的时候，可以基于星形数据模型或雪花数据模型。另外，数据集市和机器学习算法也可以划归到这一层。

5. 应用层

有了数据仓库层的各种数据模型和数据后，就可以基于这些模型和数据去实现各种各样的应用场景。例如，电商中的热门商品分析、图计算中的社交网络分析、推荐系统的实现、风险控制以及行为预测等。

任务一　安装 Linux 操作系统

💡 提示：本书使用的 Linux 版本是 Red Hat Linux 7，也可以使用 CentOS 7。

在部署大数据相关的组件之前首先需要部署 Linux 虚拟机。下面介绍安装 Linux 操作系统的步骤。

(1) 在 VMware Workstation 软件工作界面中选择"文件"菜单中的"新建虚拟机"命令(见图 0-2)，弹出"新建虚拟机向导"对话框，并选中"自定义(高级)"单选按钮进行安装，如图 0-3 所示。

(2) 单击"下一步"按钮，并在随后出现的 "安装客户机操作系统"界面中，选中"稍后安装操作系统"单选按钮，如图 0-4 所示。

图 0-2　选择"新建虚拟机"命令

图 0-3　选中"自定义(高级)"单选按钮

图 0-4　选中"稍后安装操作系统"单选按钮

(3) 在"选择客户机操作系统"界面中，选中 Linux 单选按钮，设置版本为"Red Hat Enterprise Linux 7 64 位"，如图 0-5 所示。

💡 **提示**：这一步非常重要。如果选择错误，可能造成虚拟机无法正常启动。

(4) 在"命名虚拟机"界面中，输入虚拟机名称，如"bigdata111"，如图 0-6 所示。

图 0-5　"选择客户机操作系统"界面　　　　图 0-6　"命名虚拟机"界面

(5) 连续两次单击"下一步"按钮，直到进入"此虚拟机的内存"界面。默认的内存设置为 2048MB，即 2GB 内存。

💡 **提示**：这里可以根据自己机器的配置，适当增大虚拟机的内存容量，例如可以修改为 4096MB，即 4GB 内存，如图 0-7 所示。

(6) 接下来进行"网络类型"界面的设置，这一步非常重要。在实际的生产环境中，通常不能直接访问外网，而且需要多台主机组成一个集群，集群之间还可以进行通信。为了模拟一个真实的网络环境，推荐选中"使用仅主机模式网络"单选按钮，如图 0-8 所示。

图 0-7　"此虚拟机的内存"界面　　　　图 0-8　"网络类型"界面

💡 **提示**：选中"使用仅主机模式网络"单选按钮后，首先，虚拟机不能直接访问外部网络；其次，如果是一个分布式环境，则可以保证它们彼此之间可以进行通信。

(7) 连续 4 次单击"下一步"按钮，出现"指定磁盘容量"界面。用户可以根据自己的硬盘大小进行适当调整，这里设置为 60GB，如图 0-9 所示。

(8) 连续两次单击 "下一步"按钮，出现"已准备好创建虚拟机"界面，单击"完成"按钮，如图 0-10 所示。

图 0-9　"指定磁盘容量"界面　　　　图 0-10　"已准备好创建虚拟机"界面

(9) 在 bigdata111 主界面中，单击"编辑虚拟机设置"超链接(见图 0-11)，在弹出的"虚拟机设置"对话框中，选择 CD/DVD(SATA)设备，并将 Red Hat Linux 7 的 ISO 介质加载到镜像文件的选项中，如图 0-12 所示。

(10) 在"虚拟机设置"对话框中，单击"确定"按钮，返回 bigdata111 主界面，单击"开启此虚拟机"超链接，等待虚拟机启动，在出现的界面中选择 Install Red Hat Enterprise Linux 7.4 选项，如图 0-13 所示。

(11) 出现如图 0-14 所示的欢迎界面，单击 Continue 按钮，出现 INSTALLATION SUMMARY(安装摘要)界面，在该界面中进行相关的配置，如图 0-15 所示。

图 0-11　虚拟机主界面

图 0-12　选中"使用 ISO 映像文件"单选按钮

图 0-13　安装 Linux 操作系统

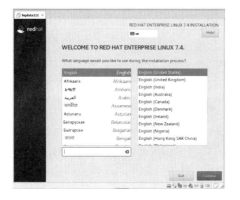
图 0-14　欢迎界面

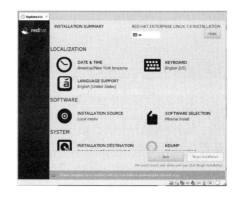
图 0-15　安装摘要界面

(12) 单击 SOFTWARE SELECTION 选项后，出现相应界面，在 Base Environment 列表框中选中 Server With GUI 单选按钮，在右侧的 Add-Ons for Selected Environment 列表框中选中 Development Tools 复选框，如图 0-16 所示。

(13) 在 NETWORK & HOST NAME 选项设置界面中，可以设置主机名和虚拟机的 IP 地址，如图 0-17 和图 0-18 所示。这里将主机名设为 bigdata111，IP 地址为 192.168.157.111。Linux 安装部署完成后，即可通过该 IP 地址从宿主机上连接到 Linux 主机上。

图 0-16　选择软件

图 0-17　设置网络

图 0-18　设置 IP

💡 **提示**：每台宿主机的网段可能不一样，如编者的宿主机网段是 157。读者需要首先确定本地宿主机的网段，再进行 IP 地址的设置。

(14) 设置完成后，在 INSTALLATION SUMMAR 界面中单击 Begin Installation(开始安装)按钮进行安装，如图 0-19 所示。如果没有特殊说明，本书只会用到 root 用户，因此可对 root 密码进行设置，如图 0-20 所示。

图 0-19　单击 Begin Installation 按钮开始安装

图 0-20　设置 root 密码

(15) 安装完成后，单击 Reboot 按钮重启即可，如图 0-21 所示。

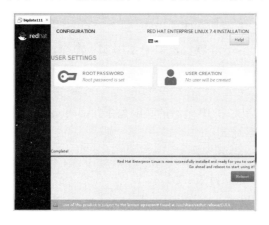

图 0-21　重新启动

(16) 最后可以使用 Xshell 通过 192.168.157.111 的 IP 地址从宿主机上登录 Linux 系统，如图 0-22 所示。

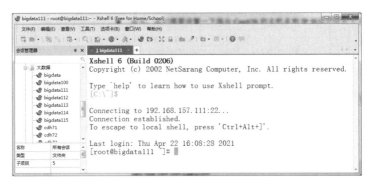

图 0-22　登录 centos

(17) 使用 FTP 工具通过 192.168.157.111 的 IP 地址可以将宿主机上的安装包介质上传到 Linux 环境中，如图 0-23 所示。

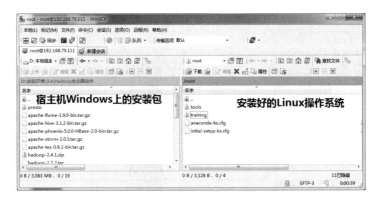

图 0-23　上传安装包

任务二　配置 Linux 环境

成功安装 Linux 系统后需要对其进行配置，具体包括关闭防火墙、设置主机名、安装 JDK 和配置免密码登录。下面是具体的步骤。

(1) 关闭防火墙。在 Xshell 软件窗口中使用如下命令：

```
systemctl stop firewalld.service
systemctl disable firewalld.service
```

(2) 设置 Linux 的主机名和 IP 地址的映射关系。使用 vi 编辑器编辑/etc/hosts 文件，将主机名和 IP 地址的映射关系写入：

```
192.168.157.111 bigdata111
```

(3) 创建 tools 和 training 目录。

💡 提示：这里把所有组件的安装包放到/root/tools 目录下，安装的时候都安装到/root/training 目录下。

```
mkdir /root/tools/
mkdir /root/training/
```

(4) 解压 JDK 安装包，执行下面的命令安装 JDK：

```
cd /root/tools
tar -zxvf jdk-8u181-linux-x64.tar.gz -C /root/training/
```

(5) 配置 Java 的环境变量。使用 vi 编辑器编辑/root/.bash_profile 文件，输入以下内容：

```
JAVA_HOME=/root/training/jdk1.8.0_181
export JAVA_HOME
PATH=$JAVA_HOME/bin:$PATH
export PATH
```

(6) 使环境变量生效，命令如下：

```
source /root/.bash_profile
```

(7) 验证 Java 环境，执行以下命令，结果如图 0-24 所示。

```
java -version
which java
```

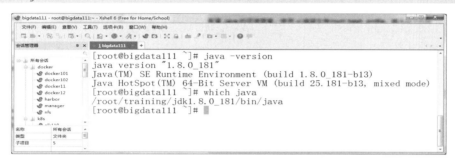

图 0-24　验证 Java 环境

(8) 为免密码登录生成公钥和私钥，命令如下：

```
ssh-keygen -t rsa
```

(9) 将公钥复制到当前虚拟主机，命令如下：

```
ssh-copy-id -i .ssh/id_rsa.pub root@bigdata111
```

任务三　部署 Hadoop 环境

Hadoop 的安装和部署是大数据组件中最烦琐的操作。有了 Hadoop 的操作基础，后续进一步部署 Spark 和 Flink 就非常容易了。Hadoop 的部署模式有本地模式、伪分布模式和全分布模式三种。由于在本书的项目案例中只需要单机环境的 Hadoop 即可，因此这里重点以 Hadoop 伪分布模式为例来介绍。下面是具体的操作步骤。

(1) 先执行下面的命令将 Hadoop 的安装介质解压到/root/training 目录。

```
tar -zxvf hadoop-3.1.2.tar.gz -C ~/training/
```

(2) 编辑~/.bash_profile 文件，设置 Hadoop 的环境变量：

```
vi ~/.bash_profile
```

(3) 在~/.bash_profile 文件中输入下面的环境变量信息,并保存退出。

```
HADOOP_HOME=/root/training/hadoop-3.1.2
export HADOOP_HOME

PATH=$HADOOP_HOME/bin:$HADOOP_HOME/sbin:$PATH
export PATH

export HDFS_DATANODE_USER=root
export HDFS_DATANODE_SECURE_USER=root
export HDFS_NAMENODE_USER=root
export HDFS_SECONDARYNAMENODE_USER=root
export YARN_RESOURCEMANAGER_USER=root
export YARN_NODEMANAGER_USER=root
```

(4) 使环境变量生效,命令如下:

```
source ~/.bash_profile
```

(5) 进入 Hadoop 配置文件所在的目录。

```
cd /root/training/hadoop-3.1.2/etc/hadoop/
```

(6) 修改 hadoop-env.sh 文件,设置 JAVA_HOME 参数。

```
export JAVA_HOME=/root/training/jdk1.8.0_181
```

(7) 修改 hdfs-site.xml 文件,其中的参数如下:

```
<!--数据块的冗余度,默认为 3-->
<!--冗余度的配置原则一般与数据节点的个数一致,最大不超过 3-->
<property>
    <name>dfs.replication</name>
    <value>1</value>
</property>

<!--禁用 HDFS 的权限功能-->
<!--开发环境设置为 false-->
<!--生产环境设置为 true-->
<property>
    <name>dfs.permissions</name>
    <value>false</value>
</property>
```

(8) 修改 core-site.xml 文件,其中的参数如下:

```
<!--NameNode 的地址-->
<property>
    <name>fs.defaultFS</name>
    <value>hdfs://bigdata111:9000</value>
</property>

<!--HDFS 对应于操作系统目录-->
<!--该参数的默认值是 Linux 的 tmp 目录-->
<property>
    <name>hadoop.tmp.dir</name>
    <value>/root/training/hadoop-3.1.2/tmp</value>
</property>
```

(9) 修改 mapred-site.xml 文件，其中的参数如下：

```
<!--配置 MapReduce 运行的框架-->
<property>
    <name>mapreduce.framework.name</name>
    <value>yarn</value>
</property>

<!--以下是配置 Hadoop 的环境变量-->
<property>
    <name>yarn.app.mapreduce.am.env</name>
    <value>HADOOP_MAPRED_HOME=${HADOOP_HOME}</value>
</property>

<property>
    <name>mapreduce.map.env</name>
    <value>HADOOP_MAPRED_HOME=${HADOOP_HOME}</value>
</property>

<property>
    <name>mapreduce.reduce.env</name>
    <value>HADOOP_MAPRED_HOME=${HADOOP_HOME}</value>
</property>
```

(10) 修改 yarn-site.xml 文件，其中的参数如下：

```
<!--配置 ResourceManager 的地址-->
<property>
    <name>yarn.resourcemanager.hostname</name>
    <value>bigdata111</value>
</property>

<!--NodeManager 采用 shuffle 洗牌的方式来执行任务-->
<property>
    <name>yarn.nodemanager.aux-services</name>
    <value>mapreduce_shuffle</value>
</property>
```

(11) 对元数据节点 NameNode 进行格式化：

```
hdfs namenode -format
```

💡 提示：格式化成功后，将看到以下日志信息。

```
Storage directory /root/training/hadoop-3.1.2/tmp/dfs/name has been
successfully formatted.
```

(12) 启动 Hadoop 集群，执行以下命令，结果如图 0-25 所示。

```
start-all.sh
```

(13) 执行 jps 命令查看后台的进程，如图 0-26 所示。

(14) 访问 HDFS 系统的 Web Console(网页控制台)，URL 地址为 http://192.168.157.111:9870/，如图 0-27 所示。

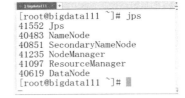

图 0-25　启动 Hadoop　　　　　　　　图 0-26　Hadoop 的后台进程

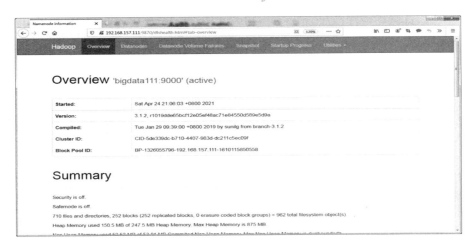

图 0-27　HDFS 的 Web 页面

(15) 访问 Yarn 平台的 Web Console，URL 地址为 http://192.168.157.111:8088/，如图 0-28 所示。

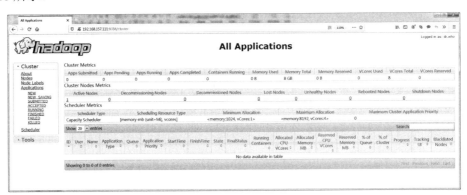

图 0-28　Yarn 的 Web 页面

任务四　部署 Spark 环境

Spark 伪分布模式也是在单机上模拟一个分布式环境。我们把 Spark 的主节点和从节点都运行在一台主机上。

下面介绍如何在 bigdata111 的主机上部署 Spark 伪分布模式。

(1) 将 Spark 安装包解压到/root/training 目录：

```
tar -zxvf spark-3.0.0-bin-hadoop3.2.tgz -C ~/training/
```

💡 **提示**：由于 Spark 的启动命令脚本与 Hadoop 的启动命令脚本有冲突。因此，我们这里就不再对 Spark 的环境变量进行设置了。

(2) 进入 Spark 配置文件所在目录：

```
cd /root/training/spark-3.0.0-bin-hadoop3.2/
```

(3) 修改配置文件 spark-env.sh：

```
mv spark-env.sh.template spark-env.sh
vi spark-env.sh
```

(4) 在 spark-env.sh 后增加以下配置信息，并保存退出。

```
export JAVA_HOME=/root/training/jdk1.8.0_181
export SPARK_MASTER_HOST=bigdata111
export SPARK_MASTER_PORT=7077
```

(5) 启动 Spark 集群：

```
cd /root/training/spark-3.0.0-bin-hadoop3.2/
sbin/start-all.sh
```

(6) 访问 Spark 的 Web Console，URL 地址为 http://192.158.157.111:8080/，如图 0-29 所示。

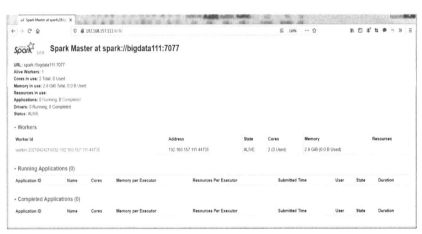

图 0-29 Spark 的 Web 页面

至此，Spark 伪分布模式就部署完成了。之后，我们可以使用 Spark 提供的客户端工具来提交执行 Spark 任务。

任务五 部署 Flink 环境

Flink 伪分布模式也是在单机环境上模拟一个分布式的集群。Flink 的主节点 JobManager

和从节点 TaskManager 运行在一起。我们可以在 bigdata111 的主机上进行部署。

(1) 将 Flink 的安装包解压到/root/training 目录:

```
tar -zxvf flink-1.11.0-bin-scala_2.12.tgz -C /root/training/
```

(2) 修改 Flink 的核心配置文件 flink-conf.yaml:

```
cd /root/training/flink-1.11.0/conf
vi flink-conf.yaml
```

(3) 将 JobManager 的地址设置为当前的主机名,保存并退出,参数如下:

```
jobmanager.rpc.address: bigdata111
```

(4) 启动 Flink:

```
cd /root/training/flink-1.11.0/
bin/start-cluster.sh
```

(5) 访问 Flink 的 Web Console,URL 地址为 http://192.158.157.111:8081。这里可以看到有 1 个 Task Slot,如图 0-30 所示。

图 0-30　Flink 的 Web 页面

任务六　安装 MySQL 数据库

安装 MySQL 数据库主要有以下两个方面的作用:①将 MySQL 作为业务数据库来存储业务数据,如电商平台商品销售数据;②在使用 Hive 工具分析数据时,需要 MySQL 数据库的支持。

下面是安装 MySQL 数据库的具体步骤。

(1) 解压 MySQL 安装包:

```
tar -xvf mysql-5.7.19-1.el7.x86_64.rpm-bundle.tar
```

(2)　卸载原有的 MySQL 数据库：

```
yum remove mysql-libs
```

(3)　执行下面的语句安装 MySQL 数据库：

```
rpm -ivh mysql-community-common-5.7.19-1.el7.x86_64.rpm
rpm -ivh mysql-community-libs-5.7.19-1.el7.x86_64.rpm
rpm -ivh mysql-community-client-5.7.19-1.el7.x86_64.rpm
rpm -ivh mysql-community-server-5.7.19-1.el7.x86_64.rpm
rpm -ivh mysql-community-devel-5.7.19-1.el7.x86_64.rpm
```

(4)　启动 MySQL 数据库：

```
systemctl start mysqld.service
```

(5)　查看初始的 root 用户的密码，命令如下：

```
cat /var/log/mysqld.log | grep password
```

输出日志的命令如下：

```
[Note] A temporary password is generated for root@localhost: oq5(vVeSppjq
```

(6)　使用上面的密码登录 SQL，并修改密码。这里我们把密码修改为：Welcome_1。

```
mysql -uroot -poq5(vVeSppjq
mysql >alter user 'root'@'localhost' identified by 'Welcome_1';
```

任务七　安装 Hive

下面是安装 Hive 的具体步骤。

(1)　在 MySQL 中为 Hive 创建数据库和对应的用户，命令如下：

```
mysql> create database hive;
mysql> create user 'hiveowner'@'%' identified by 'Welcome_1';
mysql> grant all on hive.* TO 'hiveowner'@'%';
mysql> grant all on hive.* TO 'hiveowner'@'localhost' identified by 'Welcome_1';
```

(2)　解压 Hive 的安装包：

```
tar -zxvf apache-hive-3.1.2-bin.tar.gz -C /root/training/
```

(3)　设置 Hive 的环境变量，在/root/.bash_profile 中输入如下内容：

```
HIVE_HOME=/root/training/apache-hive-3.1.2-bin
export HIVE_HOME

PATH=$HIVE_HOME/bin:$PATH
export PATH
```

(4)　使环境变量生效，命令如下：

```
source /root/.bash_profile
```

(5)　编辑 Hive 的配置义件：/root/training/apache-hive-3.1.2-bin/conf/hive-site.xml，并输入如下参数：

```
<?xml version="1.0" encoding="UTF-8" standalone="no"?>
<?xml-stylesheet type="text/xsl" href="configuration.xsl"?>
<configuration>
    <!--MySQL 的 URL 地址-->
    <property>
        <name>javax.jdo.option.ConnectionURL</name>
        <value>jdbc:mysql://localhost:3306/hive?useSSL=false</value>
    </property>

    <!--MySQL 的数据库驱动-->
    <property>
        <name>javax.jdo.option.ConnectionDriverName</name>
        <value>com.mysql.jdbc.Driver</value>
    </property>

    <!--MySQL 用户名-->
    <property>
        <name>javax.jdo.option.ConnectionUserName</name>
        <value>hiveowner</value>
    </property>

    <!--用户的密码-->
    <property>
        <name>javax.jdo.option.ConnectionPassword</name>
        <value>Welcome_1</value>
    </property>
</configuration>
```

(6) 将 MySQL 的 JDBC Driver 放入 Hive 的 lib 目录下，命令如下：

```
cp mysql-connector-java-5.1.43-bin.jar \
/root/training/apache-hive-3.1.2-bin/lib/
```

(7) 初始化 MySQL，建立 Hive 的元信息表，命令如下：

```
schematool -dbType mysql -initSchema
```

(8) 进入 Hive 的命令行客户端，命令如下：

```
hive -S
```

任务八   安装 ZooKeeper 和 Kafka

下面是安装 ZooKeeper 和 Kafka 的具体步骤。

(1) 将 ZooKeeper 安装包解压至/root/training 目录，命令如下：

```
tar -zxvf zookeeper-3.4.10.tar.gz -C /root/training/
```

(2) 设置 ZooKeeper 环境变量，编辑文件/root/.bash_profile，其中内容如下：

```
ZOOKEEPER_HOME=/root/training/zookeeper-3.4.10
export ZOOKEEPER_HOME

PATH=$ZOOKEEPER_HOME/bin:$PATH
export PATH
```

(3) 使 ZooKeeper 环境变量生效，命令如下：

```
source /root/.bash_profile
```

(4)　生成 zoo.cfg 文件，命令如下：

```
cd /root/training/zookeeper-3.4.10/conf/
mv zoo_sample.cfg zoo.cfg
```

(5)　编辑 zoo.cfg 文件，修改后的文件内容如下：

```
# The number of ticks that can pass between
# sending a request and getting an acknowledgement
syncLimit=5
# the directory where the snapshot is stored.
# do not use /tmp for storage, /tmp here is just
# example sakes.
dataDir=/root/training/zookeeper-3.4.10/tmp
# the port at which the clients will connect
clientPort=2181
# the maximum number of client connections.
# increase this if you need to handle more clients
#maxClientCnxns=60
#
# Be sure to read the maintenance section of the
# administrator guide before turning on autopurge.
#
# The number of snapshots to retain in dataDir
#autopurge.snapRetainCount=3
# Purge task interval in hours
# Set to "0" to disable auto purge feature
#autopurge.purgeInterval=1

server.1=bigdata111:2888:3888
```

(6)　执行 zkServer.sh start 命令，启动 ZooKeeper Server：

```
zkServer.sh start
```

输出的信息如下：

```
ZooKeeper JMX enabled by default
Using config: /root/training/zookeeper-3.4.10/bin/../conf/zoo.cfg
Starting zookeeper ... STARTED
```

(7)　执行 zkServer.sh status 命令，查看 ZooKeeper Server 的状态：

```
zkServer.sh status
```

输出的信息如下：

```
ZooKeeper JMX enabled by default
Using config: /root/training/zookeeper-3.4.10/bin/../conf/zoo.cfg
Mode: standalone
```

💡 提示：当 ZooKeeper 是 standalone 的状态，表示这是一个单节点的 ZooKeeper。

(8)　也可以通过执行 jps 命令查看 Java 的后台进程信息：

```
jps
```

输出的信息如下：

```
41894 Jps
41832 QuorumPeerMain
```

(9) 将 Kafka 框架压缩包解压至/root/training 目录，命令如下：

```
tar -zxvf kafka_2.11-2.4.0.tgz -C /root/training/
```

(10) 进入 Kafka 框架的 config 目录，并修改 server.properties 文件，命令如下：

```
cd /root/training/kafka_2.11-2.4.0/config/
vi server.properties
```

(11) 下面列出了需要修改的参数。

```
broker.id=0
log.dirs=/root/training/kafka_2.11-2.4.0/logs/broker0
zookeeper.connect=localhost:2181
```

(12) 创建 broker0 日志存储的目录，命令如下：

```
mkdir /root/training/kafka_2.11-2.4.0/logs/broker0
```

(13) 启动 Kafka 的 Broker 代理程序，即 Kafka Server。

```
bin/kafka-server-start.sh config/server.properties &
```

启动成功后输出的信息如图 0-31 所示。

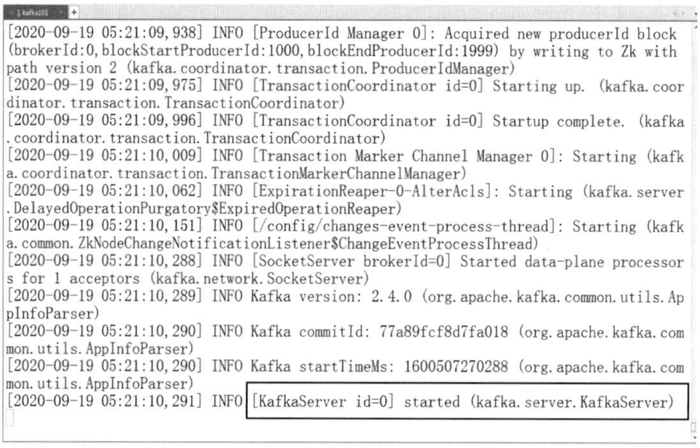

图 0-31　启动 Kafka 的输出信息

提示：在 Kafka 框架中，一个 Kafka Server(服务器)对应一个 server.properties。如果想再启动一个 Kafka Server，可以按照下面的步骤完成。

① 复制一份 server.properties 文件。

```
cp server.properties server1.properties
```

② 修改 server1.properties 文件的内容，参数如下：

```
broker.id=1
log.dirs=/root/training/kafka_2.11-2.4.0/logs/broker1
zookeeper.connect=localhost:2181
```

③ 启动 Kafka Server，命令如下：

```
bin/kafka-server-start.sh config/server1.properties &
```

任务九　部署 Storm 环境

Storm 伪分布模式也是在单机环境上模拟一个分布式的集群。此时 Storm 的主节点 Nimbus 和从节点 Supervisor 运行在一起。我们可以在当前的主机上进行部署。

(1) 解压 Storm 的安装包，命令如下：

```
tar -zxvf apache-storm-1.0.3.tar.gz -C /root/training/
```

(2) 编辑文件/root/.bash_profile，设置 Storm 的环境变量，参数如下：

```
STORM_HOME=/root/training/apache-storm-1.0.3
export STORM_HOME

PATH=$STORM_HOME/bin:$PATH
export PATH
```

(3) 进入 Storm 安装目录下的 conf 目录，命令如下：

```
cd /root/training/apache-storm-1.0.3/conf
```

(4) 修改 Storm 的配置文件 storm.yaml，其中的参数如下：

```
......
storm.zookeeper.servers:
  - "bigdata111"

......
nimbus.seeds: ["bigdata111"]
storm.local.dir: "/root/training/apache-storm-1.0.3/tmp"
supervisor.slots.ports:
  - 6700
  - 6701
  - 6702
  - 6703
"topology.eventlogger.executors": 1
......
```

(5) 创建目录/root/training/apache-storm-1.0.3/tmp，命令如下：

```
mkdir /root/training/apache-storm-1.0.3/tmp
```

(6) 执行命令 zkServer.sh start，启动 ZooKeeper Server：

```
zkServer.sh start
```

(7) 启动 Storm 集群，命令如下：

```
storm nimbus &
storm supervisor &
storm ui &
storm logviewer &
```

(8) 通过 URL 地址(http://192.168.157.111:8080)访问 Storm Web UI，如图 0-32 所示。

图 0-32　Storm 的 Web 页面

项目一

企业人力资源员工数据的
离线分析

在企业人力资源的管理中需要对人力资源数据进行统计，从而掌握员工的相关信息，包括各部门的员工人数、工资的分布情况、员工的职位变动情况等。图 1-1 所示为项目的整体架构。

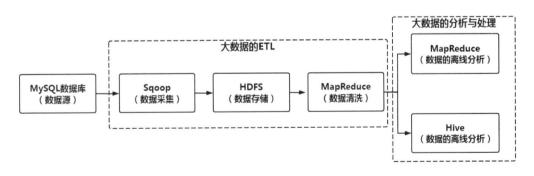

图 1-1　项目的整体架构

任务一 企业人力资源及员工数据的获取

1.1 企业员工
数据的获取

◉【职业能力目标】

通过本任务的学习，学生理解相关知识后，应达成以下能力目标。

(1) 根据存储系统的导入方式，能将采集的数据进行过滤优化，实现高效存储。

(2) 根据采集脚本及数据过滤需求，能使用 Sqoop 组件完成从 MySQL 关系型数据库中采集企业人力资源员工数据的操作，并将其存入 HDFS。

◉【任务描述与要求】

任务描述

在企业人力资源的管理中需要对人力资源数据进行统计，从而掌握员工的相关信息，包括各部门的员工人数、工资的分布情况、员工的职位变动情况等。本任务为该项目的前置任务，将完成数据的采集工作。

任务要求

(1) 能使用命令行脚本的方式，获取离线数据的结构信息。

(2) 能使用 Sqoop 工具完成 MySQL 数据的采集。

◉【知识储备】

一、关系型数据库 MySQL

MySQL 数据库作为关系型数据库中非常重要的一员，其地位也非常重要。尤其随着互联网时代的兴起，MySQL 在数据库领域显示出举足轻重的地位。这也很好地促进了 MySQL 数据库的发展。MySQL 数据库的 Logo 数据库是一只小海豚。

1. MySQL 数据库的体系架构

对于 MySQL 数据库来说，虽然经历了多个版本迭代，并且存在不同的分支，但是 MySQL 数据库的基础架构基本都是一致的。图 1-2 所示为 MySQL 数据库的体系架构。

总体上看，整个 MySQL 数据库的服务器端分为 Server 层和存储引擎层。

2. MySQL 数据库的 InnoDB 存储引擎

InnoDB 是当前 MySQL 数据库默认的存储引擎，也是互联网等公司数据库存储引擎的不二选择。InnoDB 的特性如下。

(1) 支持数据库事务。在可重复读的隔离级别下，解决了不可重复读的问题。并且通过间隙锁的引入解决了幻读的问题。

(2) 支持行级锁和表级锁。默认是行级锁，因此具备更高的并发度。

(3) 支持外键。

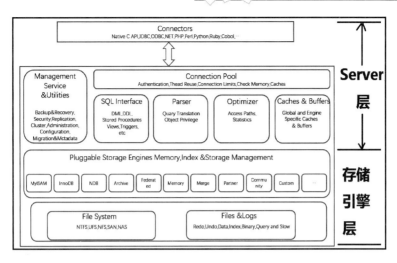

图 1-2　MySQL 数据库的体系架构

(4) 为处理巨大数据量时的最佳性能而设计。CPU 效率可能是任何其他基于磁盘的关系数据库引擎所不能匹敌的。

(5) InnoDB 中不保存表的行数。清空整个表时，InnoDB 是一行一行地删除，因此效率非常慢。

(6) InnoDB 使用 B+树来存储索引，因此具有查询效率高的特点，并且支持索引上的范围查询。

二、大数据 ETL 采集引擎 Sqoop

Sqoop(全称为 SQL-To-Hadoop)，是一款开源的工具，主要用于在 Hadoop(Hive)与传统的数据库(Oracle、MySQL 等)间进行数据的传递，可以将一个关系型数据库(如 MySQL、Oracle、Postgres 等)中的数据导入 Hadoop 的 HDFS 中，也可以将 HDFS 的数据导入关系型数据库中。Sqoop 是基于 MapReduce 完成数据的交换，因此在使用 Sqoop 之前需要部署 Hadoop 环境；另一方面，由于 Sqoop 交换的是关系型数据库中的数据，因此，底层需要 JDBC 驱动的支持。Sqoop 项目开始于 2009 年，最早是作为 Hadoop 的一个第三方模块存在，后来为了让使用者能够更快速部署，也为了让开发人员能够更快速地迭代开发，Sqoop 独立成为一个 Apache 项目。

下面基于 MySQL 数据库，列举了 Sqoop 操作的典型用法。

(1) 使用 Sqoop 执行一个简单的查询。这里我们查询 10 号部门的员工姓名、职位、薪水和部门号，命令如下：

```
sqoop eval --connect jdbc:mysql://localhost:3306/demo?useSSL=false \
--username root --password Welcome_1 --query \
"select ename,job,sal,deptno from emp where deptno=10"
```

(2) 根据 MySQL 数据库中的表结构，生成对应的 Java Class，命令如下：

```
sqoop codegen --connect jdbc:mysql://localhost:3306/demo?useSSL=false \
--username root --password Welcome_1 --table emp
```

输出的日志内容如下:

```
2021-04-22 14:34:42,491 INFO orm.CompilationManager: HADOOP_MAPRED_HOME is
/root/training/hadoop-3.1.2
Note: /tmp/sqoop-root/compile/2abad54ace6665327b12e83a02b14a8f/emp.java uses
or overrides a deprecated API.
Note: Recompile with -Xlint:deprecation for details.
2021-04-22 14:34:45,173 INFO orm.CompilationManager: Writing jar file:
/tmp/sqoop-root/compile/2abad54ace6665327b12e83a02b14a8f/emp.jar
```

执行成功后，会自动将/tmp 目录下生成的 emp.java 文件复制到当前目录，部分代码如下：

```
public class emp extends SqoopRecord implements DBWritable, Writable {
  private final int PROTOCOL_VERSION = 3;
  public int getClassFormatVersion() { return PROTOCOL_VERSION; }
  public static interface FieldSetterCommand {
    void setField(Object value);
    }
  protected ResultSet __cur_result_set;

  private Map<String, FieldSetterCommand> setters =
              new HashMap<String, FieldSetterCommand>();

  private void init0() {
    setters.put("empno", new FieldSetterCommand() {
      @Override
      public void setField(Object value) {
        emp.this.empno = (Integer)value;
      }
    });
    setters.put("ename", new FieldSetterCommand() {
      @Override
......
```

💡 **提示：** 这里可以看到 emp 类实现了 Writable 接口，按照开发 MapReduce 程序的要求，该类可以作为 MapReduce 的 Key 或者 Value。

(3) 根据 MySQL 数据库中的表结构，生成对应的 Hive 表结构，命令如下：

```
export HADOOP_CLASSPATH=$HADOOP_CLASSPATH:$HIVE_HOME/lib/*

sqoop create-hive-table \
--connect jdbc:mysql://localhost:3306/demo?useSSL=false \
--username root --password Welcome_1 --table emp --hive-table emphive
```

(4) 将 MySQL 数据库中的数据导入 HDFS，命令如下：

```
sqoop import --connect jdbc:mysql://localhost:3306/demo?useSSL=false \
--username root --password Welcome_1 --table emp --target-dir /myempdata
```

(5) 将 HDFS 的数据导入 MySQL 数据库中，先在 MySQL 数据库中创建对应的表，命令如下：

```
mysql> create table mynewemp like emp;
```

执行导入命令：

```
sqoop export --connect jdbc:mysql://localhost:3306/demo?useSSL=false \
```

```
--username root --password Welcome_1 \
--table mynewemp --export-dir /myempdata
```

(6) 将 MySQL 数据库中的所有表导入 HDFS，命令如下：

```
sqoop import-all-tables \
--connect jdbc:mysql://localhost:3306/demo?useSSL=false \
--username root --password Welcome_1
```

(7) 列出 MySQL 服务器中的所有数据库，命令如下：

```
sqoop list-databases \
--connect jdbc:mysql://localhost:3306/demo?useSSL=false \
--username root --password Welcome_1
```

(8) 列出 MySQL 数据库中所有的表，命令如下：

```
sqoop list-tables \
--connect jdbc:mysql://localhost:3306/demo?useSSL=false \
--username root --password Welcome_1
```

(9) 将 MySQL 数据库中表的数据导入 HBase。启动 HBase，进入 HBase Shell 创建表，命令如下：

```
hbase> create 'emp','empinfo'
```

(10) 执行导入命令：

```
sqoop import --connect jdbc:mysql://localhost:3306/demo?useSSL=false \
--username root --password Welcome_1 --table emp \
--columns empno,ename,sal,deptno \
--hbase-table emp --hbase-row-key empno --column-family empinfo
```

💡 提示：Sqoop 将数据导入 HBase 时，HBase 的版本不能太高，建议使用 HBase 1.3.6。

三、HDFS 分布式文件系统

HDFS(Hadoop Distributed File System)是 Hadoop 分布式文件系统，用于解决大数据的存储问题。HDFS 源自 Google(谷歌)的 GFS 论文，可用于低成本通用硬件的运行上，是一个具有容错的文件系统。

HDFS 分三个部分：NameNode、DataNode 和 SecondaryNameNode。图 1-3 所示为 Hadoop HDFS 的体系架构。

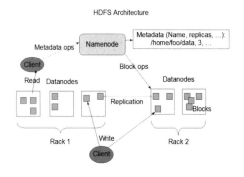

图 1-3 Hadoop HDFS 的体系架构

1. NameNode

NameNode 为名称节点，它是 HDFS 的主节点，其主要作用体现在管理和维护 HDFS 以及接收客户端的请求两个方面。NameNode 管理和维护 HDFS 的元信息文件——fsimage 与操作日志文件——edits，并管理和维护 HDFS 命名空间。本书重点介绍 fsimage 文件和 edits 文件。

fsimage 文件是 HDFS 的元信息文件，该文件中保存了目录和文件的相关信息。通过读取 fsimage 文件就能获取到 HDFS 的数据分布情况。NameNode 维护的另一个系统文件就是 edits，该文件中记录的是客户端操作。HDFS 也提供了日志查看器，帮助用户查看 edits 文件中的内容。edits 文件与 fsimage 文件存放在同一个目录下。

2. DataNode

DataNode 为数据节点，其主要职责是按照数据块来保存数据。从 Hadoop 2.x 开始，数据块默认大小是 128MB。在前面配置好的环境中，数据块默认保存在图 1-4 所示的目录中。

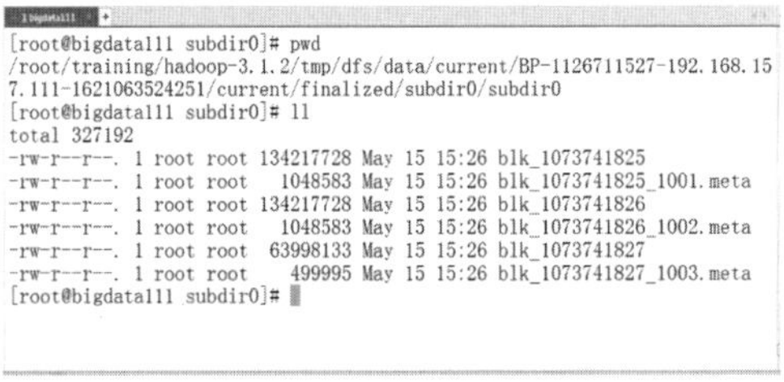

```
[root@bigdata111 subdir0]# pwd
/root/training/hadoop-3.1.2/tmp/dfs/data/current/BP-1126711527-192.168.15
7.111-1621063524251/current/finalized/subdir0/subdir0
[root@bigdata111 subdir0]# ll
total 327192
-rw-r--r--. 1 root root 134217728 May 15 15:26 blk_1073741825
-rw-r--r--. 1 root root   1048583 May 15 15:26 blk_1073741825_1001.meta
-rw-r--r--. 1 root root 134217728 May 15 15:26 blk_1073741826
-rw-r--r--. 1 root root   1048583 May 15 15:26 blk_1073741826_1002.meta
-rw-r--r--. 1 root root  63998133 May 15 15:26 blk_1073741827
-rw-r--r--. 1 root root    499995 May 15 15:26 blk_1073741827_1003.meta
[root@bigdata111 subdir0]#
```

图 1-4　HDFS 的数据块文件

3. SecondaryNameNode

SecondaryNameNode 是 HDFS 的第二名称节点，其主要作用是合并日志。因为 HDFS 的最新状态信息是记录在 edits 日志中的，而数据的元信息需要记录在 fsimage 文件中。换而言之，fsimage 文件维护的并不是最新的 HDFS 状态信息。因此，需要一种机制将 edits 日志中的最新状态信息合并写入 fsimage 文件中，这个工作是由 SecondaryNameNode 完成的。

💡 提示：SecondaryNameNode 不是 NameNode 的热备份，因此当 NameNode 出现问题时，不能由 SecondaryNameNode 代替 NameNode 的工作。

◉【任务计划与决策】

一、企业人力资源原始数据观察

企业人力资源数据主要包括员工的信息数据，表 1-1 所示为员工信息数据。

表 1-1　员工信息数据

列　名	列的类型	说　明
EMPLOYEE_ID	NUMBER(6)	员工号
FIRST_NAME	VARCHAR2(20)	员工的 FIRST_NAME

列 名	列的类型	说 明
LAST_NAME	VARCHAR2(25)	员工的 LAST_NAME
EMAIL	VARCHAR2(25)	员工的电子邮件
PHONE_NUMBER	VARCHAR2(20)	员工的电话号码
HIRE_DATE	DATE	员工的入职日期
JOB_ID	VARCHAR2(10)	员工的职位
SALARY	NUMBER(8,2)	员工的薪水
COMMISSION_PCT	NUMBER(2,2)	员工的奖金
MANAGER_ID	NUMBER(6)	员工的经理
DEPARTMENT_ID	NUMBER(4)	员工所在部门的部门号

二、企业人力资源原始数据采集

数据观察可以帮助我们了解到数据的分布情况，即可以根据需要使用 Sqoop 进行数据采集。而采集到的数据可能存在空值或者错误等情况，因此还需要对数据进行打印，观察采集到的数据存在什么问题，并针对这些问题进行相应的处理。

根据所学相关知识，请制订完成本次任务的实施计划。

◉【任务实施】

一、将企业人力资源员工的原始数据导入 MySQL 数据库

(1) 登录 MySQL 数据库，命令如下：

```
mysql -uroot -pWelcome_1
```

(2) 创建 HR 数据库，并切换到 HR 数据库，命令如下：

```
mysql> create database hr;
Query OK, 1 row affected (0.01 sec)

mysql> use hr;
Database changed
mysql>
```

(3) 创建 employees 员工表，命令如下：

```
mysql> create table employees(
employee_id     int,
first_name      varchar(20),
last_name       varchar(25),
email           varchar(25),
phone_number    varchar(20),
hire_date       varchar(20),
job_id          varchar(10),
salary          float,
commission_pct  float,
manager_id      int,
department_id   int
);
```

(4) 导入原始数据 employees.csv，命令如下：

```
mysql> load data local infile '/root/data/employees.csv'
into table employees
fields terminated by ','
lines terminated by '\n';

Query OK, 121 rows affected, 88 warnings (0.00 sec)
Records: 121 Deleted: 0 Skipped: 0 Warnings: 88
```

(5) 验证员工表中的数据，命令及执行结果如下：

```
mysql> select count(*) from employees;
+----------+
| count(*) |
+----------+
|      121 |
+----------+
1 row in set (0.00 sec)
```

💡 **提示**：从输出的结果可以看出，在原始的 employees.csv 文件中共有 121 条记录。

(6) 执行下面的查询获取前 10 条员工数据，命令及执行结果如下：

```
mysql> select employee_id as "员工号",
concat(first_name,' ',last_name) as "姓名",
salary as "薪水",department_id as "部门号"
from employees limit 10;

+----------+-------------------+--------+--------+
|员工号    | 姓名              | 薪水   | 部门号 |
+----------+-------------------+--------+--------+
|      198 | Donald OConnell   | 2600   |     50 |
|      199 | Douglas Grant     | 2600   |     50 |
|      200 | Jennifer Whalen   | 4400   |     10 |
|      201 | Michael Hartstein | 13000  |     20 |
|      202 | Pat Fay           | 6000   |     20 |
|      203 | Susan Mavris      | 6500   |     40 |
|      204 | Hermann Baer      | 10000  |     70 |
|      205 | Shelley Higgins   | 12008  |    110 |
|      206 | William Gietz     | 8300   |    110 |
|      100 | Steven King       | 24000  |     90 |
+----------+-------------------+--------+--------+
10 rows in set (0.00 sec)
```

二、安装并使用 Sqoop 完成数据的采集

(1) 将 Sqoop 的安装包解压到/root/training 目录，这里使用的版本是 1.4.7，命令如下：

```
tar -zxvf sqoop-1.4.7.bin__hadoop-2.6.0.tar.gz -C /root/training/
```

(2) 为了操作方便，将 Sqoop 的目录进行重命名，命令如下：

```
cd /root/training/
mv sqoop-1.4.7.bin__hadoop-2.6.0/ sqoop/
```

(3) 将 MySQL 数据库的 JDBC Driver 复制到 Sqoop 的 lib 目录下，命令如下：

```
cp mysql-connector-java-5.1.43-bin.jar /root/training/sqoop/lib/
```

(4) 为了方便执行 Sqoop 的命令，可以设置 Sqoop 相应的环境变量。编辑文件 /root/.bash_profile，并输入如下内容：

```
SQOOP_HOME=/root/training/sqoop
export SQOOP_HOME

PATH=$SQOOP_HOME/bin:$PATH
export PATH
```

(5) 保存并退出，环境变量生效，命令如下：

```
source /root/.bash_profile
```

(6) 启动 Hadoop 环境，命令如下：

```
start-all.sh
```

(7) 使用 Sqoop 采集员工表 employees 的数据，命令如下：

```
sqoop import --connect jdbc:mysql://localhost:3306/hr?useSSL=false \
--username root --password Welcome_1 \
--table employees \
--columns employee_id,first_name,last_name,salary,department_id \
--target-dir /employees \
-m 1
```

导入完成后，将输出下面的信息：

```
Transferred 8.8574 KB in 35.6059 seconds (254.7332 bytes/sec)
Retrieved 121 records.
```

提示：使用 Sqoop 导入数据时，需要根据实际情况导入所需要的数据。例如，上面的语句只导入了员工的员工号、姓名、薪水和部门号。从输出的信息可以看出，Sqoop 从 MySQL 中导入了 121 条记录。

(8) 查看 HDFS 的/employees 目录，命令如下：

```
hdfs dfs -ls /employees
```

输出的信息如下：

```
Found 2 items
...... /employees/_SUCCESS
...... /employees/part-m-00000
```

(9) 查看 HDFS 文件/employees/part-m-00000 的内容，命令如下：

```
hdfs dfs -cat /employees/part-m-00000
```

输出的信息如下：

```
198,Donald,OConnell,2600.0,50
199,Douglas,Grant,2600.0,50
200,Jennifer,Whalen,4400.0,10
201,Michael,Hartstein,13000.0,20
202,Pat,Fay,6000.0,20
203,Susan,Mavris,6500.0,40
204,Hermann,Baer,10000.0,70
205,Shelley,Higgins,12008.0,110
206,William,Gietz,8300.0,110
100,Steven,King,24000.0,90
…
```

(10) 输出结果如图 1-5 所示。

```
[root@myvm ~]# hdfs dfs -cat /employees/part-m-00000
198, Donald, OConnell, 2600.0, 50
199, Douglas, Grant, 2600.0, 50
200, Jennifer, Whalen, 4400.0, 10
201, Michael, Hartstein, 13000.0, 20
202, Pat, Fay, 6000.0, 20
203, Susan, Mavris, 6500.0, 40
204, Hermann, Baer, 10000.0, 70
205, Shelley, Higgins, 12008.0, 110
206, William, Gietz, 8300.0, 110
100, Steven, King, 24000.0, 90
```

图 1-5　查看导入的数据

【任务检查与评价】

完成任务实施后，进行任务检查与评价，任务检查评价表如表 1-2 所示。

表 1-2　任务检查评价表

项目名称	企业人力资源员工数据的离线分析			
任务名称	企业人力资源及员工数据的获取			
评价方式	可采用自评、互评、教师评价等方式			
说　明	主要评价学生在项目学习过程中的操作技能、理论知识、学习态度、课堂表现、学习能力等			
评价内容与评价标准				
序号	评价内容	评价标准	分值	得分
1	知识运用 (20%)	掌握相关理论知识，理解本次任务要求，制订详细计划，计划条理清晰，逻辑正确(20分)	20分	
		理解相关理论知识，能根据本次任务要求制订合理的计划(15分)		
		了解相关理论知识，并制订了计划(10分)		
		没有制订计划(0分)		
2	专业技能 (40%)	结果验证全部满足(40分)	40分	
		结果验证只有一个功能不能实现，其他功能全部实现(30分)		
		结果验证只有一个功能实现，其他功能全部没有实现(20分)		
		结果验证所有功能均未实现(0分)		
3	核心素养 (20%)	具有良好的自主学习能力、分析解决问题的能力，整个任务过程中指导过他人(20分)	20分	
		具有较好的学习能力和分析解决问题的能力，任务过程中没有指导他人(15分)		
		能够主动学习并收集信息，有请求他人帮助解决问题的能力(10分)		
		不主动学习(0分)		
4	课堂纪律 (20%)	设备无损坏，无干扰课堂秩序言行(20分)	20分	
		无干扰课堂秩序言行(10分)		
		有干扰课堂秩序言行(0分)		

◉【任务小结】

任务一的思维导图如图 1-6 所示。

图 1-6 任务一的思维导图

在本次任务中，学生需要使用 MySQL 数据库来存储原始的员工数据，并使用 Sqoop 进行数据的采集，最后将采集到的数据保存到 HDFS 分布式文件系统中。通过该任务，学生可以了解 MySQL 数据库的使用方法以及完成的数据采集流程，并掌握 HDFS 的操作方法与 Sqoop 的使用。

◉【任务拓展】

基于本项目的业务场景和原始数据，可以尝试实现以下功能：尽管可以将数据导入 HDFS 中，但在某些情况下为了能更好地分析和处理数据，需要将数据导入 HBase 中。HBase 是一种列式存储的 NoSQL 数据库，它提供了比 HDFS 更加强大的功能特性。

任务二 清洗企业人力资源员工数据

◉【职业能力目标】

1.2 清洗企业
员工数据

通过本任务的学习，学生理解相关知识后，应达成以下能力目标。

(1) 根据数据分析的需求对采集的企业人力资源员工数据进行清洗。

(2) 使用不同的方式对存储在 HDFS 中的员工数据进行清洗。

◉【任务描述与要求】

企业人力资源原始数据清洗的任务描述与要求如下。

为了验证数据采集的准确性，在数据采集的最后一步，需要对存储的数据文件进行观察并验证与原始数据库中的数据是否一致。若不一致，需要重新检查数据采集的过程，直至找到问题所在。在确定数据的正确性后则需要进一步进行数据的清洗，例如，将数据中的重复数据和异常数据进行删除处理。

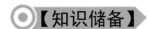

●【知识储备】

一、大数据离线计算引擎 MapReduce

MapReduce 是一种分布式计算模型，用以进行大数据的计算，它是一种离线计算处理模型。MapReduce 通过 Map 和 Reduce 两个阶段的划分，特别适合在大量计算机组成的分布式并行环境里进行数据处理。通过 MapReduce 既可以处理 HDFS 中的数据，也可以处理 HBase 中的数据。

值得注意的是，MapReduce 是一种计算模型，它跟具体的编程语言没有关系，只是在 Hadoop 体系中实现了 MapReduce 的计算模型。由于 Hadoop 是采样 Java 程序实现的框架，因此此时如果开发 MapReduce 程序，开发的将是一个 Java 程序。众所周知，MongoDB 也支持 MapReduce 的计算模式，而 MongoDB 中的编程语言是 JavaScript，所以这时候开发 MapReduce 程序需要书写 JavaScript 代码。

那么 Google 为什么会提出 MapReduce 的计算模型呢？其主要目的是为了解决 PageRank 的问题，即网页排名的问题。因此，在学习 MapReduce 之前，首先介绍一下 PageRank。Google 作为一个搜索引擎，具有强大的搜索功能。图 1-7 所示是在 Google 中搜索 Hadoop 的结果页面。

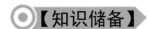

图 1-7　搜索 Hadoop 的结果页面

每一个搜索结果是一个 Page 网页，如何决定哪个网页排列在搜索结果的前面或者后面呢？这时候就需要给每个网页打上一个分数，即 Rank 值。如果 Rank 值越大，那么对应的 Page 网页就越排列在搜索结果的前面。图 1-8 所示为 PageRank 的一个简单示例。

在这个例子中，我们以 4 个 HTML 的网页为例。网页与网页之间可以通过<a>标签的超链接，从一个网页跳转到另一个网页。网页 1 链接跳转到网页 2、网页 3 和网页 4；网页 2 链接跳转到网页 3 和网页 4；网页 3 没有链接跳转到任何其他的网页；网页 4 链接跳转到网页 3。我们用 1 表示网页之间存在链接跳转关系，用 0 表示网页之间不存在链接跳转关系。如果以行为单位来看，就可以建立一个"Google 的向量矩阵"，这里很明显是一个 4×4 的矩阵。通过计算这个矩阵可以得到每个网页的权重值，而这个值就是 Rank 值，从而进行网页搜索结果的排名。

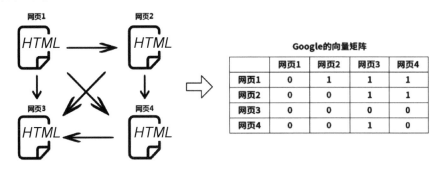

图 1-8　PageRank 简单示例

但是在实际情况下，得到的这个矩阵是非常庞大的。例如，网络爬虫从全世界的网站上爬取回来了 1 亿个网页，存储在 HDFS 中，而网页之间又存在链接跳转的关系。此时建立的"Google 的向量矩阵"将会是 1 亿×1 亿的庞大矩阵。这么庞大的矩阵无法使用一台计算机来完成计算。如何解决大矩阵的计算问题，是解决 PageRank 的关键。基于这样的问题背景，Google 就提出了 MapReduce 的计算模型来计算这样的大矩阵。

MapReduce 的核心思想其实只有 6 个字，即"先拆分，再合并"。通过这样的方式，不管得到的向量矩阵有多少，都可以进行计算。第一阶段为拆分，即 Map 阶段；第二阶段为合并，即 Reduce 阶段，如图 1-9 所示。

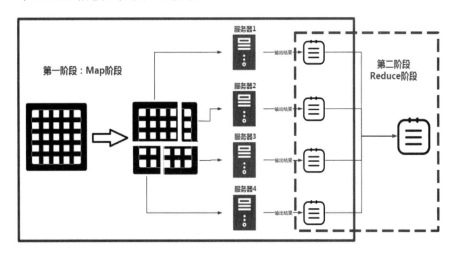

图 1-9　拆分过程与合并过程

在这个示例中，我们假设有一个庞大的矩阵要进行计算。由于无法在一台计算机上完成，因此将矩阵进行拆分。例如，这里我们将其拆分为 4 个小矩阵，只要拆分到足够小，让一台计算机能够完成计算即可。每台计算机计算其中的一个小矩阵，得到部分的结果。这个过程就叫作 Map(映射)，如图 1-9 所示的实线方框的部分；将 Map 阶段输出的结果再进行聚合操作的二次计算，从而得到大矩阵的结果，这个过程叫作 Reduce(归纳)，如图 1-9 所示中的虚线方框的部分。通过这样的 Map 阶段和 Reduce 阶段两步，不管 Google 的向量矩阵多大都可以计算出最终的结果。而 Hadoop 中便使用了 Java 语言实现了这样的计算方式，这样的思想也被借鉴到 Spark 和 Flink 中。例如，Spark 中的核心数据模型是 RDD，它由分区组成，每个分区被一个 Spark 的 Worker 从节点处理，从而实现了分布式计算。

下面的步骤是在部署好的 Hadoop 集群上执行 MapReduce 任务。

(1) 在 HDFS 上创建/input 目录，命令如下：

```
hdfs dfs -ls /input
```

(2) 新建文件/root/temp/data.txt，并在文件中输入下面的内容：

```
I love Beijing
I love China
Beijing is the capital of China
```

(3) 将/root/temp/data.txt 文件上传到/input 目录，命令如下：

```
hdfs dfs -put /root/temp/data.txt /input
```

(4) 执行 MapReduce WordCount 任务，命令如下：

```
cd /root/training/hadoop-3.1.2/share/hadoop/mapreduce/
hadoop jar hadoop-mapreduce-examples-3.1.2.jar \
wordcount /input/data.txt /output/wc
```

(5) 刷新 Yarn 的 Web Console，观察任务的执行过程，如图 1-10 所示。

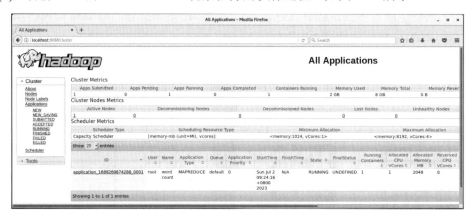

图 1-10　在 Yarn 的 Web Console 上监控 MapReduce 任务

(6) 任务执行完成后，在 HDFS 上观察输出的结果，如图 1-11 所示。

```
[root@bigdata111 mapreduce]# hdfs dfs -ls /output/wc
Found 2 items
-rw-r--r--   1 root supergroup          0 2021-01-11 20:32 /output/wc/_SUCCESS
-rw-r--r--   1 root supergroup         55 2021-01-11 20:32 /output/wc/part-r-00000
[root@bigdata111 mapreduce]# hdfs dfs -cat /output/wc/part-r-00000
Beijing 2
China 2
I       2
capital 1
is      1
love    2
of      1
the     1
[root@bigdata111 mapreduce]#
```

图 1-11　在 HDFS 上查看结果

二、大数据离线计算引擎 Spark Core

Spark Core 是 Spark 的核心部分，也是 Spark 的执行引擎。我们在 Spark 中执行的所有计算都是由 Spark Core 完成的，它是一个离线计算引擎。也就是说，Spark 中的所有计算都是离线计算，不存在真正的实时计算。Spark Core 提供了 SparkContext 访问接口用于提交执行 Spark 任务。通过该访问接口，我们既可以开发 Java 程序，也可以开发 Scala 程序来分析和处理数据。SparkContext 也是 Spark 中最重要的一个对象。

Spark 的体系架构其实是一种 C/S 结构，即客户端/服务器结构，而在 Server 端又是一种主从模式，如图 1-12 所示。

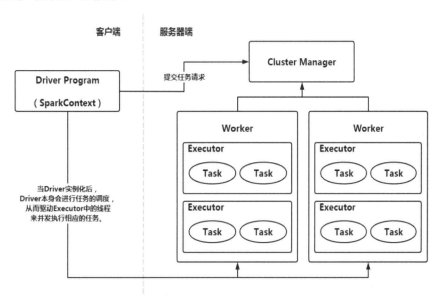

图 1-12　Spark 的体系架构

Spark 的服务器端是一种主从架构，即 Master-Slave 架构，其中 Cluster Manager 可以看作它的 Master(主)节点，Worker 可以看作它的 Slave(从)节点。

从服务器端来看，主节点负责全局的资源管理和分配，这里的资源包括内存、CPU 等。并且主节点需要接受客户端提交的任务请求，将其分配给 Worker 执行。可以将 Cluster Manager 部署在 Standalone 模式、Yarn 模式或 Mesos 模式上；从节点 Worker 是每个子节点上的资源管理者，由多个具体执行任务的 Executor 组成。默认情况下，Spark Worker 会最大限度地使用该节点的 CPU 和内存等资源。这也是 Spark 比较耗费内存的原因。

Spark 的客户端叫作 Driver Program，可以通过 Spark 的客户端工具 spark-submit 和 spark-shell 来启动。在 Driver Program 中的核心对象是 SparkContext。通过该上下文对象可以访问到 Spark Core 的功能模块。这就决定了 SparkContext 对象是整个 Spark 中最重要的一个访问接口对象。通过 SparkContext 对象可以创建 SQLContext 对象，从而访问 Spark SQL；也可以通过 SparkContext 对象创建 StreamingContext 对象，从而访问 Spark Streaming。

执行下面的命令，启动 Spark 集群。

```
cd /root/training/spark-3.0.0-bin-hadoop3.2/
```

```
sbin/start-all.sh
```

执行 jps 命令查看 Spark 集群的后台进程,如图 1-13 所示。

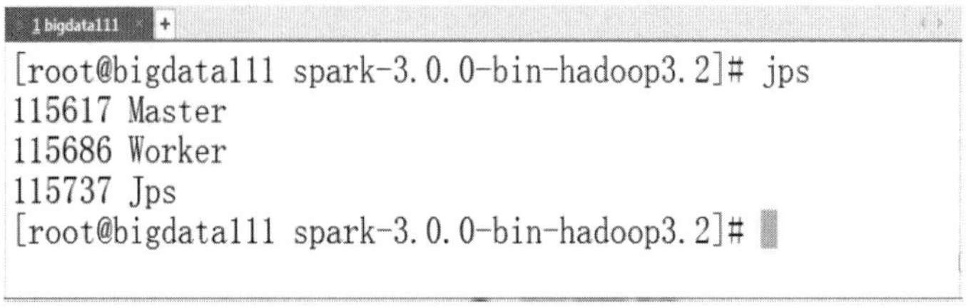

```
[root@bigdata111 spark-3.0.0-bin-hadoop3.2]# jps
115617 Master
115686 Worker
115737 Jps
[root@bigdata111 spark-3.0.0-bin-hadoop3.2]#
```

图 1-13 Spark 集群的后台进程

在 Spark 中可以通过 spar-submit 和 spark-shell 两种方式提交执行 Spark 的任务。下面分别进行介绍。

1. 使用 spark-submit 提交任务

spark-submit 位于 Spark 的 bin 目录中,使用该脚本工具可以将一个打包好的 Spark 任务以 JAR 文件的形式提交到 Spark 集群上运行。这里使用 Spark 自带的 SparkPi Example 演示 spark-submit 的使用方式。SparkPi 的源代码如下:

```scala
package org.apache.spark.examples

import scala.math.random

import org.apache.spark.sql.SparkSession

/** Computes an approximation to pi */
object SparkPi {
  def main(args: Array[String]): Unit = {
    val spark = SparkSession
      .builder
      .appName("Spark Pi")
      .getOrCreate()
    val slices = if (args.length > 0) args(0).toInt else 2
    val n = math.min(100000L * slices, Int.MaxValue).toInt // avoid overflow
    val count = spark.sparkContext.parallelize(1 until n, slices).map { i =>
      val x = random * 2 - 1
      val y = random * 2 - 1
      if (x*x + y*y <= 1) 1 else 0
    }.reduce(_ + _)
    println(s"Pi is roughly ${4.0 * count / (n - 1)}")
    spark.stop()
  }
}
```

Spark 已经为我们提供了编译好的 JAR 文件,该文件位于 Spark Example 的目录 jars 下: examples/jars/spark-examples_2.12-3.0.0.jar。下面使用 spark-submit 将任务提交到集群上运行。其中参数 100 表示循环迭代的次数,这个值越大,计算出来的圆周率越准确,命令如下:

```
bin/spark-submit --master spark://bigdata111:7077 \
--class org.apache.spark.examples.SparkPi \
examples/jars/spark-examples_2.12-3.0.0.jar 100
```

通过 Spark Web Console 的界面可以监控 Spark 任务的运行状态,如图 1-14 所示。

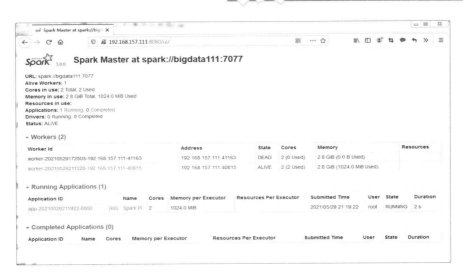

图 1-14 监控 Spark 任务的执行

任务执行时的输出日志如图 1-15 所示。

```
21/05/29 21:19:32 INFO TaskSchedulerImpl: Killing all running tasks in stage 0: Stage finished
21/05/29 21:19:32 INFO DAGScheduler: Job 0 finished: reduce at SparkPi.scala:38, took 6.865253 s
Pi is roughly 3.142763142763115
21/05/29 21:19:32 INFO SparkUI: Stopped Spark web UI at http://bigdata111:4040
21/05/29 21:19:32 INFO StandaloneSchedulerBackend: Shutting down all executors
21/05/29 21:19:32 INFO CoarseGrainedSchedulerBackend$DriverEndpoint: Asking each executor to shut down
21/05/29 21:19:32 INFO MapOutputTrackerMasterEndpoint: MapOutputTrackerMasterEndpoint stopped!
21/05/29 21:19:32 INFO MemoryStore: MemoryStore cleared
21/05/29 21:19:32 INFO BlockManager: BlockManager stopped
21/05/29 21:19:32 INFO BlockManagerMaster: BlockManagerMaster stopped
21/05/29 21:19:32 INFO OutputCommitCoordinator$OutputCommitCoordinatorEndpoint: OutputCommitCoordinator
stopped!
21/05/29 21:19:32 INFO SparkContext: Successfully stopped SparkContext
21/05/29 21:19:32 INFO ShutdownHookManager: Shutdown hook called
21/05/29 21:19:32 INFO ShutdownHookManager: Deleting directory /tmp/spark-c9053656-3b88-4973-8ac6-87f69
874d2f1
21/05/29 21:19:32 INFO ShutdownHookManager: Deleting directory /tmp/spark-34ad3122-9239-44e9-b109-00037
74963e4
[root@bigdata111 spark-3.0.0-bin-hadoop3.2]#
```

图 1-15 查看 Spark 任务的结果

2. 使用 spark-shell 提交任务

spark-shell 是 Spark 提供的一个能够进行交互式分析数据的强大工具，通过使用 spark-shell 可以非常有效地学习 Spark RDD 的算子，它支持编写 Scala 语言或者 Python 语言。启动 spark-shell 的集群模式需要使用--master 参数，命令如下：

```
bin/spark-shell --master spark://bigdata111:7077
```

整个启动过程输出的日志如图 1-16 所示。

通过输出的日志可以看到 master 的地址变成了 spark://bigdata111:7077，说明 spark-shell 运行在集群模式上。这一点也可以通过 Spark Web Console 界面观察到，如图 1-17 所示。

在 spark-shell 中编写如下的代码。通过这段代码读取 HDFS 中的数据，执行完成后，再将结果保存到 HDFS。

```
scala>
sc.textFile("hdfs://bigdata111:9000/input/data.txt").flatMap(_.split("
")).map((_,1)).reduceByKey(_+_).saveAsTextFile("hdfs://bigdata111:9000/outp
ut/spark/wc")
```

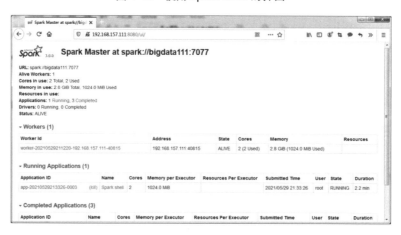

```
[root@bigdata111 spark-3.0.0-bin-hadoop3.2]# bin/spark-shell --master spark://bigdata111:7077
21/05/29 21:33:17 WARN NativeCodeLoader: Unable to load native-hadoop library for your platform... us
ing builtin-java classes where applicable
Using Spark's default log4j profile: org/apache/spark/log4j-defaults.properties
Setting default log level to "WARN".
To adjust logging level use sc.setLogLevel(newLevel). For SparkR, use setLogLevel(newLevel).
Spark context Web UI available at http://bigdata111:4040
Spark context available as 'sc' (master = spark://bigdata111:7077, app id = app-20210529213326-0003).
Spark session available as 'spark'.
Welcome to

                version 3.0.0

Using Scala version 2.12.10 (Java HotSpot(TM) 64-Bit Server VM, Java 1.8.0_181)
Type in expressions to have them evaluated.
Type :help for more information.

scala>
```

图 1-16　使用 spark-shell 的界面

图 1-17　在 Spark 界面上监控 spark-shell

最后，在 HDFS 上查看统计的结果，如图 1-18 所示。

```
[root@bigdata111 ~]# hdfs dfs -ls /output/spark/wc
Found 3 items
-rw-r--r--   3 root supergroup          0 2021-05-29 21:41 /output/spark/wc/_SUCCESS
-rw-r--r--   3 root supergroup         40 2021-05-29 21:41 /output/spark/wc/part-00000
-rw-r--r--   3 root supergroup         31 2021-05-29 21:41 /output/spark/wc/part-00001
[root@bigdata111 ~]# hdfs dfs -cat /output/spark/wc/part-00000
(is,1)
(love,2)
(capital,1)
(Beijing,2)
[root@bigdata111 ~]# hdfs dfs -cat /output/spark/wc/part-00001
(China,2)
(I,2)
(of,1)
(the,1)
[root@bigdata111 ~]#
```

图 1-18　在 HDFS 上查看统计结果

三、大数据离线计算引擎 Flink DataSet

DataSet API 是 Flink 的批处理模块，基于此 API 又提供了 MLlib 机器学习算法的框架、Gelly 的图计算框架和数据分析引擎工具 Table & SQL。

Flink 的体系架构类似 Spark，采用的也是一个 Master-Slave 的架构。图 1-19 所示为 Flink

集群的架构。

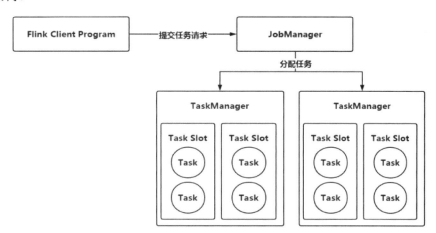

图 1-19 Flink 集群的体系架构

整个集群的主节点是 JobManager；而从节点被称为 TaskManager。Flink 集群中应该至少有一个 JobManager，它负责集群的管理、任务调度和失败恢复等工作；从节点的 TaskManager 主要用于执行不同的分布式任务、提供缓存和交换数据流等工作。并且在每个 TaskManager 上可以启动多个 Task Slot 来并行执行任务。这里的 Task Slot 类似 Spark Worker 中的 Executor。

在一个全分布 Flink 集群中，应该至少包含一个主节点 JobManager 和两个从节点 TaskManager。由于 Flink 的架构是一种主从架构，因此也存在单点故障的问题。为了实现 Flink 的 HA，可以搭建多个 JobManager。然后使用 ZooKeeper 选举其中一个作为 Leader，其余作为 Standby。

当 Flink 集群部署完成后，可以是 Flink 的客户端将任务提交到集群上运行。严格来说，客户端并不属于集群运行时的一部分。客户端程序可以是 Java 或者 Scala 程序，也可以使用命令 bin/flink run 来提交客户端任务。

由于 Flink 是流批一体的计算引擎，并且 Flink 没有与 Hadoop 进行集成。因此要在 Flink 中访问 HDFS，或者运行 Flink on Yarn，需要手动地将 Flink 与 Hadoop 进行集成。

(1) 集成 Flink 与 Hadoop，将官方提供的 jar 包复制到 Flink 的 lib 目录下，命令如下：

```
cp flink-shaded-hadoop-2-uber-2.8.3-10.0.jar \
/root/training/flink-1.11.0/lib
```

(2) 启动 Flink，命令如下：

```
cd /root/training/flink-1.11.0/
bin/start-cluster.sh
```

(3) 启动 HDFS。这里主要是为了通过 Flink 访问 HDFS 中的数据执行批处理计算，命令如下：

```
start-dfs.sh
```

(4) 执行批处理的 WordCount 示例程序，命令如下：

```
bin/flink run examples/batch/WordCount.jar \
```

```
-input hdfs://bigdata111:9000/input/data.txt \
-output hdfs://bigdata111:9000/flink/wc
```

(5) 查看批处理 WordCount 的结果，如图 1-20 所示。

图 1-20　Flink 批处理结果

(6) 新打开一个命令行窗口，启动 Netcat，并监听本机的 1234 端口，命令如下：

```
nc -l -p 1234
```

(7) 执行流处理的 WordCount 示例程序，命令如下：

```
bin/flink run examples/streaming/SocketWindowWordCount.jar --port 1234
```

(8) 在 Netcat 中输入一些测试数据，文本内容如下：

```
I love Beijing and love China
```

(9) 查看流计算的处理结果，如图 1-21 所示。

```
cd /root/training/flink-1.11.0/log/
tail -f flink-root-taskexecutor-0-bigdata111.out
```

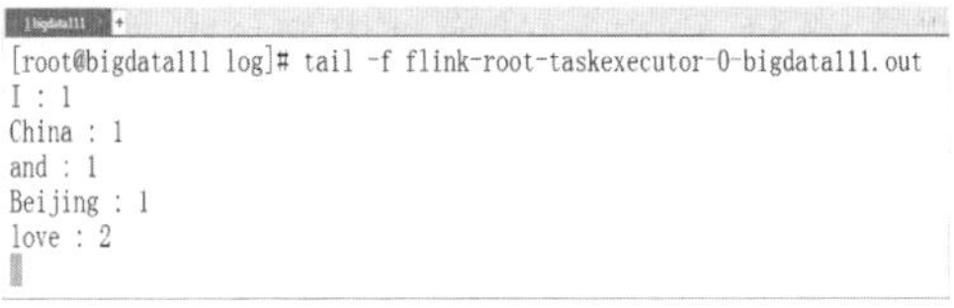

图 1-21　Flink 流处理的结果

(10) 打开 Flink Web Console 查看执行的任务，可以看到已经完成的批处理任务和正在执行的流处理任务，如图 1-22 所示。

图 1-22　监控 Flink 任务的执行

【任务计划与决策】

数据清洗可以去除原始数据中错误的或者是不满足要求的数据，从而为数据的分析与处理提供正确而精准的支持。企业人力资源原始数据的清洗主要包括以下两个方面。

(1)　能使用 MapReduce 将数据中重复数据进行删除处理。

(2)　能使用 MapReduce 将数据中异常数据进行删除处理。

根据所学相关知识，请制订完成本次任务的实施计划。

【任务实施】

开发 MapReduce 程序删除员工数据中重复的数据。

(1)　在 Eclipse 中创建 Java 工程，并将以下 4 个目录下的 JAR 文件加入 classpath 中。

```
$HADOOP_HOME/share/hadoop/common/*.jar
$HADOOP_HOME/share/hadoop/common/lib/*.jar
$HADOOP_HOME/share/hadoop/mapreduce/*.jar
$HADOOP_HOME/share/hadoop/mapreduce/lib/*.jar
```

(2)　开发 Employee 类用于封装员工数据，代码如下：

```java
package projectone.hr;

import java.io.DataInput;
import java.io.DataOutput;
import java.io.IOException;

import org.apache.hadoop.io.Writable;

public class Employee implements Writable {

    private int empno;        //员工号
    private String ename;     //姓名
    private float salary;     //薪水
    private int deptno;       //部门号

    @Override
    public String toString() {
        return empno + "," + ename + "," + salary + "," + deptno ;
    }

    @Override
    public void readFields(DataInput input) throws IOException {
        this.empno = input.readInt();
        this.ename = input.readUTF();
        this.salary = input.readFloat();
        this.deptno = input.readInt();
    }

    @Override
    public void write(DataOutput output) throws IOException {
        output.writeInt(this.empno);
```

```
        output.writeUTF(this.ename);
        output.writeFloat(this.salary);
        output.writeInt(this.deptno);
    }

    public int getEmpno() {
        return empno;
    }

    public void setEmpno(int empno) {
        this.empno = empno;
    }

    public String getEname() {
        return ename;
    }

    public void setEname(String ename) {
        this.ename = ename;
    }

    public float getSalary() {
        return salary;
    }

    public void setSalary(float salary) {
        this.salary = salary;
    }

    public int getDeptno() {
        return deptno;
    }

    public void setDeptno(int deptno) {
        this.deptno = deptno;
    }
}
```

(3) 开发 Map 程序,读取 HDFS 上的员工数据,代码如下:

```
package projectone.hr;

import java.io.IOException;

import org.apache.hadoop.io.IntWritable;
import org.apache.hadoop.io.LongWritable;
import org.apache.hadoop.io.Text;
import org.apache.hadoop.mapreduce.Mapper;

public class CleanEmployeeMapper
extends Mapper<LongWritable, Text, IntWritable, Employee>{

    @Override
    protected void map(LongWritable k1, Text v1, Context context)
            throws IOException, InterruptedException {
        // TODO Auto-generated method stub
```

```
        String str = v1.toString();

        String[] data = str.split(",");
        if(data.length != 5) return;

        //创建员工对象
        Employee e = new Employee();

        e.setEmpno(Integer.parseInt(data[0]));    //设置员工号
        e.setEname(data[1]+ " " + data[2]);       //设置员工姓名
        e.setSalary(Float.parseFloat(data[3]));   //设置员工薪水
        e.setDeptno(Integer.parseInt(data[4]));

        //输出员工对象，将员工号作为 k2，员工对象作为 v2。
        context.write(new IntWritable(e.getEmpno()), e);
    }
}
```

(4) 开发 Reduce 程序，进行数据的清洗，删除重复的员工数据，代码如下：

```
package projectone.hr;

import java.io.IOException;
import java.util.Iterator;

import org.apache.hadoop.io.IntWritable;
import org.apache.hadoop.io.NullWritable;
import org.apache.hadoop.mapreduce.Reducer;

public class CleanEmployeeReducer
extends Reducer<IntWritable, Employee, Employee, NullWritable> {

    @Override
    protected void reduce(IntWritable k3,
            Iterable<Employee> v3,Context context)
            throws IOException, InterruptedException {

        Iterator<Employee> its = v3.iterator();

        if(its.hasNext()) {
            context.write(its.next(), NullWritable.get());
        }
    }
}
```

(5) 开发主程序，代码如下：

```
package projectone.hr;
import java.io.IOException;

import org.apache.hadoop.conf.Configuration;
import org.apache.hadoop.fs.Path;
import org.apache.hadoop.io.IntWritable;
import org.apache.hadoop.io.NullWritable;
import org.apache.hadoop.io.Text;
import org.apache.hadoop.mapreduce.Job;
```

```
import org.apache.hadoop.mapreduce.lib.input.FileInputFormat;
import org.apache.hadoop.mapreduce.lib.output.FileOutputFormat;

public class CleanEmployeeMain {

    public static void main(String[] args) throws Exception {
        // 1. 创建任务，并且指定任务的入口
        Job job = Job.getInstance(new Configuration());
        job.setJarByClass(CleanEmployeeMain.class);

        // 2. 指定任务的 Map 和 Map 的输出类型<k2    v2>
        job.setMapperClass(CleanEmployeeMapper.class);
        job.setMapOutputKeyClass(IntWritable.class);        //k2
        job.setMapOutputValueClass(Employee.class);         //v2

        // 3. 指定任务的 Reduce 和 Reduce 的输出类型<k4    v4>
        job.setReducerClass(CleanEmployeeReducer.class);
        job.setOutputKeyClass(Employee.class);              //k4
        job.setOutputValueClass(NullWritable.class);        //v4

        // 4. 指定任务的输入路径和输出路径
        FileInputFormat.setInputPaths(job, new Path(args[0]));
        FileOutputFormat.setOutputPath(job, new Path(args[1]));

        // 5. 执行任务
        job.waitForCompletion(true);
    }
}
```

(6) 将 MapReduce 程序导出，打包成 demo.jar，并执行。将输出的结果存放到 HDFS 的/employees01 目录下，命令如下：

```
hadoop jar demo.jar /employees /employees01
```

(7) 查看清洗后的员工数据，命令如下：

```
hdfs dfs -cat /employees01/part-r-00000
```

(8) 输出的结果如图 1-23 所示。

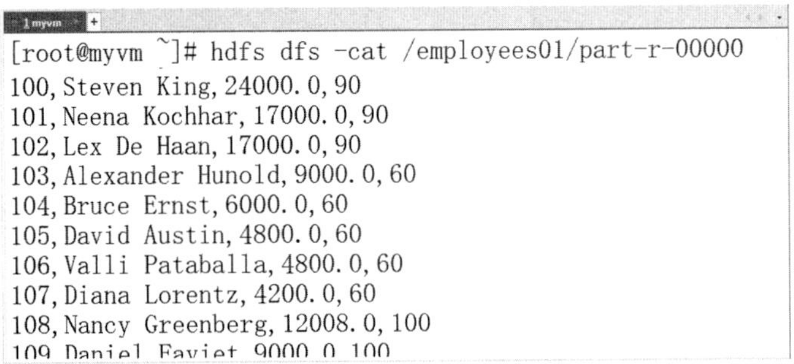

```
[root@myvm ~]# hdfs dfs -cat /employees01/part-r-00000
100, Steven King, 24000. 0, 90
101, Neena Kochhar, 17000. 0, 90
102, Lex De Haan, 17000. 0, 90
103, Alexander Hunold, 9000. 0, 60
104, Bruce Ernst, 6000. 0, 60
105, David Austin, 4800. 0, 60
106, Valli Pataballa, 4800. 0, 60
107, Diana Lorentz, 4200. 0, 60
108, Nancy Greenberg, 12008. 0, 100
109 Daniel Faviet 9000 0 100
```

图 1-23 清洗后的员工数据

💡 提示：经过清洗后，只有 107 条记录。这说明原始数据中存在重复的记录。

【任务检查与评价】

完成任务实施后，进行任务检查与评价，任务检查评价表如表 1-3 所示。

表 1-3　任务检查评价表

项目名称	企业人力资源员工数据的离线分析			
任务名称	清洗企业人力资源员工数据			
评价方式	可采用自评、互评、教师评价等方式			
说　　明	主要评价学生在项目学习过程中的操作技能、理论知识、学习态度、课堂表现、学习能力等			
评价内容与评价标准				
序号	评价内容	评价标准	分值	得分
1	知识运用(20%)	掌握相关理论知识，理解本次任务要求，制订详细计划，计划条理清晰，逻辑正确(20 分)	20 分	
		理解相关理论知识，能根据本次任务要求制订合理计划(15 分)		
		了解相关理论知识，并制订了计划(10 分)		
		没有制订计划(0 分)		
2	专业技能(40%)	结果验证全部满足(40 分)	40 分	
		结果验证只有一个功能不能实现，其他功能全部实现(30 分)		
		结果验证只有一个功能实现，其他功能全部没有实现(20 分)		
		结果验证所有功能均未实现(0 分)		
3	核心素养(20%)	具有良好的自主学习能力、分析解决问题的能力，整个任务过程中指导过他人(20 分)	20 分	
		具有较好的学习能力和分析解决问题的能力，任务过程中没有指导他人(15 分)		
		能够主动学习并收集信息，有请求他人帮助解决问题的能力(10 分)		
		不主动学习(0 分)		
4	课堂纪律(20%)	设备无损坏，无干扰课堂秩序言行(20 分)	20 分	
		无干扰课堂秩序言行(10 分)		
		有干扰课堂秩序言行(0 分)		

【任务小结】

任务二的思维导图如图 1-24 所示。

图 1-24　任务二的思维导图

在本次任务中，学生需要使用 MapReduce 完成对原始数据的清洗工作，并将清洗后的结果保存到 HDFS 中。通过该任务，学生可以了解 MapReduce 的执行过程，并使用 Java 语言开发对应的处理程序。

【任务拓展】

MapReduce 除了基本的 Map 和 Reduce 功能以外，还提供了很多高级的特性，如序列化、排序、合并(Combiner)、分区、MapJoin 和链式处理。本小节将通过具体的示例代码介绍这些特性。

下面是需要用到的员工表的数据，一共有 8 个字段：员工号、姓名、职位、老板的员工号、入职日期、月薪、奖金和部门号。

```
7369,SMITH,CLERK,7902,1980/12/17,800,0,20
7499,ALLEN,SALESMAN,7698,1981/2/20,1600,300,30
7521,WARD,SALESMAN,7698,1981/2/22,1250,500,30
7566,JONES,MANAGER,7839,1981/4/2,2975,0,20
7654,MARTIN,SALESMAN,7698,1981/9/28,1250,1400,30
7698,BLAKE,MANAGER,7839,1981/5/1,2850,0,30
7782,CLARK,MANAGER,7839,1981/6/9,2450,0,10
7788,SCOTT,ANALYST,7566,1987/4/19,3000,0,20
7839,KING,PRESIDENT,-1,1981/11/17,5000,0,10
7844,TURNER,SALESMAN,7698,1981/9/8,1500,0,30
7876,ADAMS,CLERK,7788,1987/5/23,1100,0,20
7900,JAMES,CLERK,7698,1981/12/3,950,0,30
7902,FORD,ANALYST,7566,1981/12/3,3000,0,20
7934,MILLER,CLERK,7782,1982/1/23,1300,0,10
```

将上面的数据存入 emp.csv 文件中，并上传到 HDFS 的/scott 目录下，命令如下：

```
hdfs dfs -mkdir /scott
hdfs dfs -put emp.csv /scott
```

下面通过具体的示例分别介绍 MapReduce 的高级功能特性。

1. 序列化

Mapper 和 Reducer 的输入和输出都是<Key, Value>的形式，同时它们的数据类型必须实现 Hadoop Writable 接口。换句话说，如果一个类实现了 Writable 接口，这个类的对象就是作为 Map 和 Reduce 输入和输出的数据类型，这就是 Hadoop 的序列化机制。通过这样的方式，也可以实现自定义数据类型。

(1) 自定义一个数据类型 Employee，用于封装员工数据，命令如下：

```
import java.io.DataInput;
```

```java
import java.io.DataOutput;
import java.io.IOException;
import org.apache.hadoop.io.Writable;

//封装员工数据
public class Employee implements Writable{

    private int empno;          //员工号
    private String ename;       //姓名
    private String job;         //职位
    private int mgr;            //老板的员工号
    private String hiredate;    //入职日期
    private int sal;            //月薪
    private int comm;           //奖金
    private int deptno;         //部门号

    @Override
    public String toString() {
        return "Employee [empno=" + empno + ", ename="
            + ename + ", sal=" + sal + ", deptno=" + deptno + "]";
    }

    @Override
    public void readFields(DataInput input) throws IOException {
        // 实现反序列化(输入)
        this.empno = input.readInt();
        this.ename = input.readUTF();
        this.job = input.readUTF();
        this.mgr = input.readInt();
        this.hiredate = input.readUTF();
        this.sal = input.readInt();
        this.comm = input.readInt();
        this.deptno = input.readInt();
    }

    //注意: 序列化的顺序一定要和反序列化的顺序一致

    @Override
    public void write(DataOutput output) throws IOException {
        // 实现序列化(输出)
        output.writeInt(this.empno);
        output.writeUTF(this.ename);
        output.writeUTF(this.job);
        output.writeInt(this.mgr);
        output.writeUTF(this.hiredate);
        output.writeInt(this.sal);
        output.writeInt(this.comm);
        output.writeInt(this.deptno);
    }

    public Employee() {

    }

    public int getEmpno() {
        return empno;
    }
```

```
    public void setEmpno(int empno) {
        this.empno = empno;
    }

    //其他属性的 get 和 set 方法此处省略
    ...
}
```

(2) 开发 Mapper 程序，读取员工数据。输出的 Key2 是员工号，Value2 是员工对象，代码如下：

```
import java.io.IOException;
import org.apache.hadoop.io.IntWritable;
import org.apache.hadoop.io.LongWritable;
import org.apache.hadoop.io.Text;
import org.apache.hadoop.mapreduce.Mapper;

public class EmployeeMapper
extends Mapper<LongWritable, Text, IntWritable, Employee> {

    @Override
    protected void map(LongWritable key1, Text value1, Context context)
        throws IOException, InterruptedException {
        Employee e = new Employee();

        //分词
        String[] words = value1.toString().split(",");

        //设置员工的属性
        e.setEmpno(Integer.parseInt(words[0]));
        e.setEname(words[1]);
        e.setJob(words[2]);
        e.setMgr(Integer.parseInt(words[3]));
        e.setHiredate(words[4]);
        e.setSal(Integer.parseInt(words[5]));
        e.setComm(Integer.parseInt(words[6]));
        e.setDeptno(Integer.parseInt(words[7]));

        //输出：k2 是员工号；v2 是员工对象
        context.write(new IntWritable(e.getEmpno()), e);
    }
}
```

(3) 主程序代码如下：

```
import java.io.IOException;
import org.apache.hadoop.conf.Configuration;
import org.apache.hadoop.fs.Path;
import org.apache.hadoop.io.IntWritable;
import org.apache.hadoop.mapreduce.Job;
import org.apache.hadoop.mapreduce.lib.input.FileInputFormat;
import org.apache.hadoop.mapreduce.lib.output.FileOutputFormat;

public class EmployeeMain {

    public static void main(String[] args) throws Exception {
        //1. 创建一个任务，并指定任务的入口
        Job job = Job.getInstance(new Configuration());
        job.setJarByClass(EmployeeMain.class);
```

```
//2. 指定任务的 Map 和 Map 的输出类型(k2,v2)
job.setMapperClass(EmployeeMapper.class);
job.setMapOutputKeyClass(IntWritable.class);  //k2 员工号
job.setMapOutputValueClass(Employee.class);  //v2 员工对象

//3. 指定(k4,v4)
job.setOutputKeyClass(IntWritable.class);  //k4
job.setOutputValueClass(Employee.class);  //v4

//4. 指定任务的输入和输出
FileInputFormat.setInputPaths(job, new Path(args[0]));
FileOutputFormat.setOutputPath(job, new Path(args[1]));

//5. 执行任务
job.waitForCompletion(true);
    }
}
```

在这个示例中没有对输入的员工数据进行任何处理，只是简单地进行数据的封装。图 1-25 所示为运行程序输出的结果。

```
[root@bigdata111 jars]# hdfs dfs -cat /output/s1/part-r-00000
7369    Employee [empno=7369, ename=SMITH, sal=800, deptno=20]
7499    Employee [empno=7499, ename=ALLEN, sal=1600, deptno=30]
7521    Employee [empno=7521, ename=WARD, sal=1250, deptno=30]
7566    Employee [empno=7566, ename=JONES, sal=2975, deptno=20]
7654    Employee [empno=7654, ename=MARTIN, sal=1250, deptno=30]
7698    Employee [empno=7698, ename=BLAKE, sal=2850, deptno=30]
7782    Employee [empno=7782, ename=CLARK, sal=2450, deptno=10]
7788    Employee [empno=7788, ename=SCOTT, sal=3000, deptno=20]
7839    Employee [empno=7839, ename=KING, sal=5000, deptno=10]
7844    Employee [empno=7844, ename=TURNER, sal=1500, deptno=30]
7876    Employee [empno=7876, ename=ADAMS, sal=1100, deptno=20]
7900    Employee [empno=7900, ename=JAMES, sal=950, deptno=30]
7902    Employee [empno=7902, ename=FORD, sal=3000, deptno=20]
7934    Employee [empno=7934, ename=MILLER, sal=1300, deptno=10]
```

图 1-25　输出结果

2. 排序

在执行 WordCount Example 示例时提到，MapReduce 会对输出的结果进行排序，而排序的规则是根据 Key2 进行排序。Key2 可以是基本的数据类型，也可以是对象。如果是基本数据类型，字符串将按照字典顺序进行排序，例如在前面的 WordCount 示例中，Key2 是拆分后的每个单词；如果 Key2 是对象，可以通过实现 WritableComparable 接口实现自定义排序。

(1) 基本数据类型的自定义排序。

以 WordCount 为例，要实现单词的自定义排序可以继承 Text.Comparator 类，并重写 compare 方法。下面的示例中，实现了逆序的字典顺序排序。

```
import org.apache.hadoop.io.Text;

//定义 Text 类型的自定义排序规则
public class MyTextComparator extends Text.Comparator{

    @Override
    public int compare(byte[] b1, int s1, int l1,
        byte[] b2, int s2, int l2) {
            return -super.compare(b1, s1, l1, b2, s2, l2);
```

```
        }
}
```

将自定义排序规则加入主程序的任务中。

```
//指定自定义的排序规则
job.setSortComparatorClass(MyTextComparator.class);
```

图 1-26 所示为运行程序后输出的结果。

```
[root@bigdata111 jars]# hdfs dfs -cat /output/s2/part-r-00000
the      1
of       1
love     2
is       1
capital 1
I        2
China    2
Beijing 2
```

图 1-26 运行程序后输出的结果

(2) 对象的排序。

如果 Key2 是一个对象,可以通过实现 WritableComparable 接口,并重写 compareTo 实现自定义排序。例如,下面的代码实现了按照员工薪水一个列的排序。

```java
import java.io.DataInput;
import java.io.DataOutput;
import java.io.IOException;

import org.apache.hadoop.io.Writable;
import org.apache.hadoop.io.WritableComparable;

//封装员工数据,并实现自定义排序
public class Employee implements WritableComparable<Employee>{

    private int empno;              //员工号
    private String ename;           //姓名
    private String job;             //职位
    private int mgr;                //老板的员工号
    private String hiredate;        //入职日期
    private int sal;                //月薪
    private int comm;               //奖金
    private int deptno;             //部门号

    @Override
    public String toString() {
        return "Employee [empno=" + empno + ", ename=" + ename
            + ", sal=" + sal + ", deptno=" + deptno + "]";
    }

    @Override
    public int compareTo(Employee o) {
        // 定义排序规则:一个列的排序
        // 按照员工的薪水排序
        if(this.sal >= o.getSal()) {
            return 1;
        }else {
            return -1;
```

```
        }
    }

    @Override
    public void readFields(DataInput input) throws IOException {
        // 实现反序列化(输入)
        this.empno = input.readInt();
        this.ename = input.readUTF();
        this.job = input.readUTF();
        this.mgr = input.readInt();
        this.hiredate = input.readUTF();
        this.sal = input.readInt();
        this.comm = input.readInt();
        this.deptno = input.readInt();
    }

    //注意: 序列化的顺序一定要和反序列化的顺序一致

    @Override
    public void write(DataOutput output) throws IOException {
        // 实现序列化(输出)
        output.writeInt(this.empno);
        output.writeUTF(this.ename);
        output.writeUTF(this.job);
        output.writeInt(this.mgr);
        output.writeUTF(this.hiredate);
        output.writeInt(this.sal);
        output.writeInt(this.comm);
        output.writeInt(this.deptno);
    }

    public Employee() {

    }

    public int getEmpno() {
        return empno;
    }

    public void setEmpno(int empno) {
        this.empno = empno;
    }

    //其他属性的 get 和 set 方法此处省略
    …
}
```

修改之前的 EmployeeMapper，将 Employee 作为 Key2 输出，代码如下：

```
public class EmployeeMapper
extends Mapper<LongWritable, Text, Employee, NullWritable> {

    @Override
    protected void map(LongWritable key1, Text value1, Context context)
        throws IOException, InterruptedException {
        Employee e = new Employee();

        //分词
        String[] words = value1.toString().split(",");
```

```
    //设置员工的属性
    e.setEmpno(Integer.parseInt(words[0]));

    //部分代码省略
    ...

    //输出
    context.write(e,NullWritable.get());
    }
}
```

改造任务的主程序。这里需要注意，一定要把 Employee 作为 Key2，代码如下：

```
//指定任务的 Map 和 Map 的输出类型(k2,v2)
job.setMapperClass(EmployeeMapper.class);
job.setMapOutputKeyClass(Employee.class);          //k2 员工对象
job.setMapOutputValueClass(NullWritable.class);    //v2 空值
```

将任务文件打包，并上传到 Hadoop 集群运行，输出的结果如图 1-27 所示。

```
[root@bigdata111 jars]# hdfs dfs -cat /output/s3/part-r-00000
Employee [empno=7369, ename=SMITH, sal=800,  deptno=20]
Employee [empno=7900, ename=JAMES, sal=950,  deptno=30]
Employee [empno=7876, ename=ADAMS, sal=1100, deptno=20]
Employee [empno=7654, ename=MARTIN, sal=1250 deptno=30]
Employee [empno=7521, ename=WARD, sal=1250, deptno=30]
Employee [empno=7934, ename=MILLER, sal=1300 deptno=10]
Employee [empno=7844, ename=TURNER, sal=1500  deptno=30]
Employee [empno=7499, ename=ALLEN, sal=1600, deptno=30]
Employee [empno=7782, ename=CLARK, sal=2450, deptno=10]
Employee [empno=7698, ename=BLAKE, sal=2850, deptno=30]
Employee [empno=7566, ename=JONES, sal=2975, deptno=20]
Employee [empno=7902, ename=FORD, sal=3000, deptno=20]
Employee [empno=7788, ename=SCOTT, sal=3000, deptno=20]
Employee [empno=7839, ename=KING, sal=5000,  deptno=10]
```

图 1-27　在 HDFS 上查看结果

(3) 多个列的排序。

如果要实现多个列的排序也可以通过重写 compareTo 方法完成。例如，下面的代码会先按照部门号进行排序；如果部门号相同，再按照月薪排序。

```
@Override
public int compareTo(Employee o) {
    // 定义排序规则：多个列的排序
    // 先按照部门号排序，再按照月薪排序
    if(this.deptno > o.getDeptno()) {
        return 1;
    }else if(this.deptno < o.getDeptno()) {
        return -1;
    }

    if(this.sal >= o.getSal()) {
        return 1;
    }else {
        return -1;
    }
}
```

将任务打包，并上传到集群运行。输出的结果如图 1-28 所示。

```
[root@bigdata111 jars]# hdfs dfs -cat /output/s4/part-r-00000
Employee [empno=7934, ename=MILLER, sal=1300, deptno=10]
Employee [empno=7782, ename=CLARK, sal=2450, deptno=10]
Employee [empno=7839, ename=KING, sal=5000, deptno=10]
Employee [empno=7369, ename=SMITH, sal=800, deptno=20]
Employee [empno=7876, ename=ADAMS, sal=1100, deptno=20]
Employee [empno=7566, ename=JONES, sal=2975, deptno=20]
Employee [empno=7902, ename=FORD, sal=3000, deptno=20]
Employee [empno=7788, ename=SCOTT, sal=3000, deptno=20]
Employee [empno=7900, ename=JAMES, sal=950, deptno=30]
Employee [empno=7521, ename=WARD, sal=1250, deptno=30]
Employee [empno=7654, ename=MARTIN, sal=1250, deptno=30]
Employee [empno=7844, ename=TURNER, sal=1500, deptno=30]
Employee [empno=7499, ename=ALLEN, sal=1600, deptno=30]
Employee [empno=7698, ename=BLAKE, sal=2850, deptno=30]
```

图 1-28　查看输出的结果

3. 合并(Combiner)

MapReduce 的 MapTask 将处理完成的数据形成一个<Key,Value>的键值对，并在网络节点之间进行 Shuffle 的洗牌，并最终由 ReduceTask 处理。这样的处理方式会存在一个明显的问题：如果 MapTask 输出的数据量非常庞大，这样会对网络造成巨大的压力，从而形成性能的瓶颈。而 Combiner 的引入就是为了避免 MapTask 和 ReduceTask 之间的海量数据传输而设置的一种优化方式。Combiner 是一种特殊的 Reduce 程序，但它与 Map 运行在一起。Combiner 会先对 MapTask 输出的数据进行一次本地聚合，再输出到 ReduceTask 中，其目的主要是削减 Mapper 的输出，从而减少网络带宽和 Reducer 之上的负载。

本书通过一个简单的求和操作来解释 Combiner 的处理方式。图 1-29 所示为没有 Combiner 的情况下，如何使用 MapReduce 进行求和。Map 任务由两个节点执行，分别输出了{1,2,3}和{4,5}。如果直接把 MapTask 的输出输入到 ReduceTask 中，这时将会在节点的网络之间传输 5 个数据，并最终在 ReduceTask 中得到结果 15。

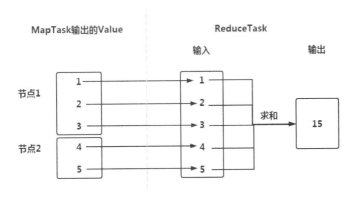

图 1-29　无 Combiner 的处理过程

图 1-30 所示为引入 Combiner 后数据处理的方式。

改造一下之前的 WordCount 程序，在主程序中添加下面的代码即可在单词处理的过程中引入 Combiner。此处我们直接使用了 WordCountReducer 作为 Combiner 类，因为它们的处理逻辑完全一样。如果处理逻辑不一样，则需要单独开发一个 Combiner 类。

```
job.setCombinerClass(WordCountReducer.class);
```

WordCount 示例引入 Combiner 后，数据处理的过程如图 1-30 所示。

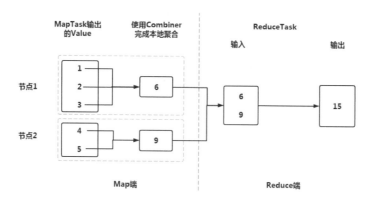

图 1-30　引入 Combiner 的处理过程

引入 Combiner 后，MapReduce 数据处理过程如图 1-31 所示。

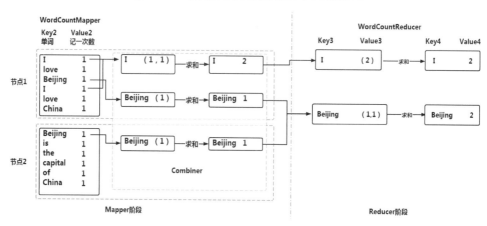

图 1-31　引入 Combiner 后的 MapReduce 数据处理过程

4. 分区

前文提到，默认情况下 MapReduce 只存在一个分区。这里的分区其实就是输出的结果文件，如图 1-32 所示。这里的 part-r-00000 就是一个分区的输出文件，其中 part 是 partition 的缩写。

```
[root@bigdata111 ~]# hdfs dfs -ls /output/wc
Found 2 items
-rw-r--r--   1 root supergroup          0 2021-05-20 20:06 /output/wc/_SUCCESS
-rw-r--r--   1 root supergroup         55 2021-05-20 20:06 /output/wc/part-r-00000
[root@bigdata111 ~]#
```

图 1-32　WordCount 的输出

MapReduce 在执行过程中会根据 Map 阶段的输出，也就是<Key2,Value2>来建立分区。因此，通过继承 Partitioner 可以实现自定义分区。

下面的示例会根据员工的部门号建立三个分区，因此最终的输出文件将会有 3 个。这里继承父类时的泛型<IntWritable, Employee>代表的就是 Map 的输出，表示部门号和对应的员工对象。通过在 MapReduce 任务中加入分区规则，从而实现自定义的分区。下面是具体的实现代码。

(1) 创建分区规则，这里将根据员工的部门号来建立分区，代码如下：

```
import org.apache.hadoop.io.IntWritable;
import org.apache.hadoop.mapreduce.Partitioner;

//建立分区规则：根据员工的部门号建立分区
public class MyPartitioner extends Partitioner<IntWritable, Employee>{

    @Override
    public int getPartition(IntWritable k2, Employee v2, int numTask) {
        // 取出部门号，建立分区
        int deptno = k2.get();

        if(deptno == 10) {
            //放入 1 号分区中
            return 1%numTask;
        }else if(deptno == 20) {
            //放入 2 号分区中
            return 2%numTask;
        }else {
            //放入 0 号分区中
            return 3%numTask;
        }
    }
}
```

(2) 开发 Mapper 程序，代码如下：

```
public class EmployeeMapper
//              k1            v1      k2 部门号     v2 员工对象
extends Mapper<LongWritable, Text, IntWritable, Employee> {

    @Override
    protected void map(LongWritable key1, Text value1, Context context)
            throws IOException, InterruptedException {
        // 7369,SMITH,CLERK,7902,1980/12/17,800,0,20
        Employee e = new Employee();

        //分词
        String[] words = value1.toString().split(",");

        //设置员工的属性
        e.setEmpno(Integer.parseInt(words[0]));
        e.setEname(words[1]);
        e.setJob(words[2]);
        e.setMgr(Integer.parseInt(words[3]));
        e.setHiredate(words[4]);
        e.setSal(Integer.parseInt(words[5]));
        e.setComm(Integer.parseInt(words[6]));
        e.setDeptno(Integer.parseInt(words[7]));

        //输出：员工部门号和员工对象
        context.write(new IntWritable(e.getDeptno()), e);
    }
}
```

(3) 开发 Reduce 程序，代码如下：

```
public class EmployeeReducer
extends Reducer<IntWritable, Employee, IntWritable, Employee> {

    @Override
    protected void reduce(IntWritable k3, Iterable<Employee> v3,Context
        context)throws IOException, InterruptedException {

        //Reduce没有任何的处理逻辑，直接输出即可
        for(Employee v2:v3) {
            context.write(k3, v2);
        }
    }
}
```

(4) 开发主程序，代码如下：

```
public static void main(String[] args) throws Exception {
    //1.创建一个任务，并指定任务的入口
    Job job = Job.getInstance(new Configuration());
    job.setJarByClass(EmployeeMain.class);

    //2.指定任务的Map和Map的输出类型(k2,v2)
    job.setMapperClass(EmployeeMapper.class);
    job.setMapOutputKeyClass(IntWritable.class);  //k2 部门号
    job.setMapOutputValueClass(Employee.class);  //v2 员工对象

    //3.指定分区规则
    job.setPartitionerClass(MyPartitioner.class);
    //4.指定分区的个数
    job.setNumReduceTasks(3);

    //5.指定(k4,v4)
    job.setReducerClass(EmployeeReducer.class);
    job.setOutputKeyClass(IntWritable.class);  //k4
    job.setOutputValueClass(Employee.class);  //v4

    //6.指定任务的输入和输出
    FileInputFormat.setInputPaths(job, new Path(args[0]));
    FileOutputFormat.setOutputPath(job, new Path(args[1]));

    //7.执行任务
    job.waitForCompletion(true);
}
```

(5) 将任务打包并运行，输出的结果如图 1-33 所示。这里可以看到输出的结果文件变成了 3 个，即 3 个分区。每个分区中只包含某一个部门的员工数据。

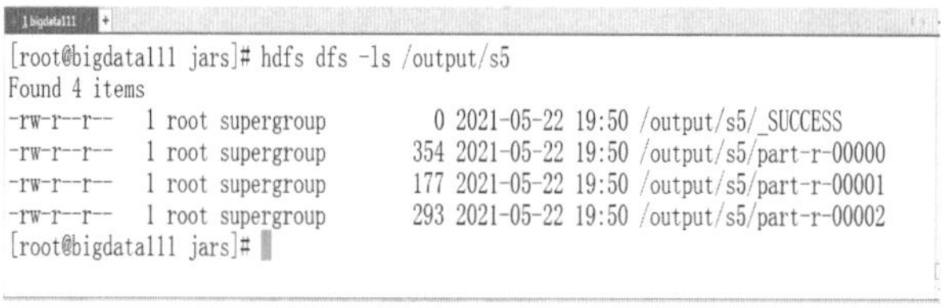

图 1-33　分区的输出

(6) 查看 part-r-00000 的内容，其中只包含了 30 号部门的员工数据，如图 1-34 所示。

```
[root@bigdata111 jars]# hdfs dfs -cat /output/s5/part-r-00000
30      Employee [empno=7654, ename=MARTIN, sal=1250, deptno=30]
30      Employee [empno=7900, ename=JAMES, sal=950, deptno=30]
30      Employee [empno=7698, ename=BLAKE, sal=2850, deptno=30]
30      Employee [empno=7521, ename=WARD, sal=1250, deptno=30]
30      Employee [empno=7844, ename=TURNER, sal=1500, deptno=30]
30      Employee [empno=7499, ename=ALLEN, sal=1600, deptno=30]
[root@bigdata111 jars]#
[root@bigdata111 jars]#
```

图 1-34　查看员工数据

5. MapJoin

在执行 MapReduce 任务时，可以在 Map 阶段通过 MapJoin 先将一个小文件缓存到内存中，这个小文件可能来自网络、磁盘或者 HDFS。由于 MapTask 会在不同的节点上执行，因此可以在集群中的任何一个节点上读取这个小文件的数据。MapJoin 适合需要连接一个大文件和一个小文件的场景，如图 1-35 所示。

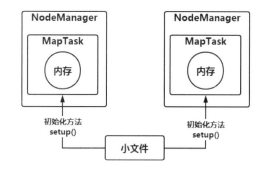

图 1-35　MapJoin 的原理

由于需要执行连接操作，除了需要 emp.csv 员工表的数据外，还需要用到下面的部门表数据。部门表的数据一共有三个列，分别是：部门号、部门名称和部门的地点，数据如下：

```
10,ACCOUNTING,NEW YORK
20,RESEARCH,DALLAS
30,SALES,CHICAGO
40,OPERATIONS,BOSTON
```

(1) 将数据保存到 dept.csv 文件中，并上传到 HDFS 中，代码如下：

```
hdfs dfs -put dept.csv /scott
```

(2) 开发一个 Mapper 程序，在 setup 方法中加载部门表的数据，并在 map 方法中实现与员工表的 Join 操作，代码如下：

```
import java.io.BufferedReader;
import java.io.FileInputStream;
import java.io.IOException;
import java.io.InputStreamReader;
import java.util.HashMap;
import java.util.Map;


import org.apache.hadoop.io.LongWritable;
import org.apache.hadoop.io.Text;
```

```
import org.apache.hadoop.mapreduce.Mapper;

public class MapJoinMapper extends Mapper<LongWritable, Text, Text, Text> {

    //定义一个Map集合缓存部门的信息
    private Map<Integer, String> dept = new HashMap<Integer, String>();


    @Override
    protected void map(LongWritable key1, Text value1, Context context)
            throws IOException, InterruptedException {
        // 读取大表：员工表
        // 数据：7369,SMITH,CLERK,7902,1980/12/17,800,0,20
        String data = value1.toString();
        String[] words = data.split(",");

        //取出这个员工的部门号
        int deptno = Integer.parseInt(words[7]);

        //执行Join连接
        context.write(new Text(dept.get(deptno)), new Text(words[1]));
    }

    @Override
    protected void setup(Mapper<LongWritable, Text, Text, Text>.Context context)
            throws IOException, InterruptedException {
        //对Map进行初始化
        //读取缓存的部门表的数据
        // 路径：/scott/dept.csv
        String path = context.getCacheFiles()[0].getPath();

        //取出文件名
        int index = path.lastIndexOf("/");
        String fileName = path.substring(index + 1);

        //开始读取数据
        FileInputStream fileInput = new FileInputStream(fileName);
        InputStreamReader readFile = new InputStreamReader(fileInput);
        BufferedReader reader = new BufferedReader(readFile);

        String line = null;
        while((line=reader.readLine()) != null) {
            //分词：取出部门号、部门名称
            String[] fields = line.split(",");

            //存入部门表中
            dept.put(Integer.parseInt(fields[0]), fields[1]);
        }
    }
}
```

(3) MapJoin 的主程序，代码如下：

```
public static void main(String[] args) throws Exception {
    Job job = Job.getInstance(new Configuration());
    job.setJarByClass(MapJoinMain.class);
```

```
job.setMapperClass(MapJoinMapper.class);
job.setMapOutputKeyClass(Text.class);
job.setMapOutputValueClass(Text.class);

//给 Job 加载一张小表，缓存到 Map 的内存中
//缓存的是 dept.csv 部门表
job.addCacheFile(new URI(args[0]));

//指定大表 emp.csv 的输入路径
FileInputFormat.setInputPaths(job, new Path(args[1]));

//Join 完成后的输出路径
FileOutputFormat.setOutputPath(job, new Path(args[2]));

job.waitForCompletion(true);
}
```

(4) 将程序打包，并通过下面的语句执行任务：

```
hadoop jar mapjoin.jar /scott/dept.csv /scott/emp.csv /output/mapjoin
```

(5) 运行程序后输出的结果，如图 1-36 所示。

```
[root@bigdata111 jars]# hdfs dfs -ls /output/mapjoin
Found 2 items
-rw-r--r--   1 root supergroup          0 2021-05-22 20:22 /output/mapjoin/_SUCCESS
-rw-r--r--   1 root supergroup        198 2021-05-22 20:22 /output/mapjoin/part-r-00000
[root@bigdata111 jars]# hdfs dfs -cat /output/mapjoin/part-r-00000
ACCOUNTING      MILLER
ACCOUNTING      KING
ACCOUNTING      CLARK
RESEARCH        ADAMS
RESEARCH        SCOTT
RESEARCH        SMITH
RESEARCH        JONES
RESEARCH        FORD
SALES   TURNER
SALES   ALLEN
SALES   BLAKE
SALES   MARTIN
SALES   WARD
SALES   JAMES
[root@bigdata111 jars]#
```

图 1-36 输出的结果

6. 链式处理

从 Hadoop 2.x 开始，MapReduce 作业支持链式处理，即 ChainMapper 和 ChainReducer。换句话说，在 Map 或者 Reduce 阶段存在多个 Mapper(映射器)，这些 Mapper 像一个管道一样，前一个 Mapper 的输出结果直接重定向到下一个 Mapper 的输入。需要说明的是，整个 MapReduce 任务中可以有多个 Mapper，但只能有一个 Reducer(归纳器)。并且在 Reducer 前面可以有一个或者多个 Mapper；在 Reducer 的后面可以有 0 个或者多个 Mapper。

下面通过一个具体的例子，来说明如何开发一个 MapReduce 的链式处理任务。整个任务包含四个步骤，如图 1-37 所示。

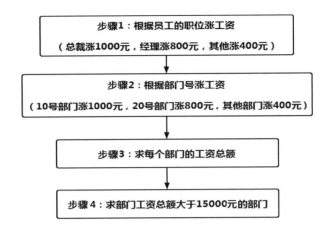

图 1-37　任务执行的过程

(1)　开发第一个 Mapper 程序：读取数据，封装到 Employee 对象中，代码如下：

```
//第一个 Mapper：读取数据，封装到 Employee 对象中
public class GetEmployeeMapper
extends Mapper<LongWritable, Text, IntWritable, Employee> {

    @Override
    protected void map(LongWritable key1, Text value1, Context context)
            throws IOException, InterruptedException {
        //读入的员工数据：7369,SMITH,CLERK,7902,1980/12/17,800,0,20
        Employee e = new Employee();

        //分词
        String[] words = value1.toString().split(",");

        //设置员工的属性
        e.setEmpno(Integer.parseInt(words[0]));
        e.setEname(words[1]);
        e.setJob(words[2]);
        e.setMgr(Integer.parseInt(words[3]));
        e.setHiredate(words[4]);
        e.setSal(Integer.parseInt(words[5]));
        e.setComm(Integer.parseInt(words[6]));
        e.setDeptno(Integer.parseInt(words[7]));

        //输出：k2 员工号，v2 员工对象
        context.write(new IntWritable(e.getEmpno()), e);
    }
}
```

(2)　开发第二个 Mapper 程序：根据员工的职位涨工资，代码如下：

```
//第二个 Mapper：根据员工的职位涨工资
public class IncreaseSalaryByJobMapper
extends Mapper<IntWritable, Employee, IntWritable, Employee> {

    @Override
    protected void map(IntWritable empno, Employee employee,Context context)
            throws IOException, InterruptedException {
        //得到这个员工的职位
        String job = employee.getJob();
```

```
            if(job.equals("PRESIDENT")) {
                employee.setSal(employee.getSal() + 1000);
            }else if(job.equals("MANAGER")) {
                employee.setSal(employee.getSal() + 800);
            }else {
                employee.setSal(employee.getSal() + 400);
            }

            //输出：员工号和员工对象
            context.write(empno, employee);
    }
}
```

(3) 开发第三个 Mapper 程序：根据员工的部门号涨工资，代码如下：

```
//第三个 Mapper：根据员工的部门号涨工资
public class IncreaseSalaryByDeptnoMapper
extends Mapper<IntWritable, Employee, IntWritable, Employee> {

    @Override
    protected void map(IntWritable empno, Employee employee,Context context)
            throws IOException, InterruptedException {

        //得到部门号
        int deptno = employee.getDeptno();

        if(deptno == 10) {
            employee.setSal(employee.getSal() + 1000);
        }else if(deptno == 20) {
            employee.setSal(employee.getSal() + 800);
        }else {
            employee.setSal(employee.getSal() + 400);
        }

        //输出：部门号和员工对象
        context.write(new IntWritable(employee.getDeptno()), employee);
    }
}
```

(4) 开发一个 Reducer 程序，计算每个部门的工资总额，代码如下：

```
public class GetDeptTotalSalaryReducer
extends Reducer<IntWritable, Employee, IntWritable, IntWritable> {

    @Override
    protected void reduce(IntWritable deptno, Iterable<Employee>
    empList,Context context)
            throws IOException, InterruptedException {
        // 对部门工资求和
        int total = 0;
        for(Employee emp:empList) {
            total = total + emp.getSal();
        }

        //输出：部门号和部门的工资总额
        context.write(deptno, new IntWritable(total));
    }
}
```

(5) 开发一个 Mapper 程序，求工资总额大于 15000 元的部门，代码如下：

```
public class FilterDeptTotalSalaryMapper
extends Mapper<IntWritable, IntWritable, IntWritable, IntWritable> {

    @Override
    protected void map(IntWritable deptno, IntWritable salTotal,Context context)
            throws IOException, InterruptedException {

            if(salTotal.get() > 15000) {
                //输出
                context.write(deptno, salTotal);
            }
    }
}
```

(6) 开发主程序，代码如下：

```
public static void main(String[] args) throws Exception {
    //1. 创建一个任务，并指定任务的入口
    Configuration conf = new Configuration();
    Job job = Job.getInstance();
    job.setJarByClass(MyChainJob.class);

    //指定第一个 Mapper
    ChainMapper.addMapper(job,
                        GetEmployeeMapper.class,
                        LongWritable.class,
                        Text.class,
                        IntWritable.class,
                        Employee.class,
                        conf);

    //指定第二个 Mapper
    ChainMapper.addMapper(job,
                        IncreaseSalaryByJobMapper.class,
                        IntWritable.class,
                        Employee.class,
                        IntWritable.class,
                        Employee.class,
                        conf);

    //指定第三个 Mapper
    ChainMapper.addMapper(job,
                        IncreaseSalaryByDeptnoMapper.class,
                        IntWritable.class,
                        Employee.class,
                        IntWritable.class,
                        Employee.class,
                        conf);

    //指定第四个 Reducer
    ChainReducer.setReducer(job,
                            GetDeptTotalSalaryReducer.class,
                            IntWritable.class,
                            Employee.class,
                            IntWritable.class,
                            IntWritable.class,
```

```
                                                  conf);

    //指定第五个 Mapper
    ChainReducer.addMapper(job,
                              FilterDeptTotalSalaryMapper.class,
                              IntWritable.class,
                              IntWritable.class,
                              IntWritable.class,
                              IntWritable.class,
                              conf);

    // 指定任务的输入和输出
    FileInputFormat.setInputPaths(job, new Path(args[0]));
    FileOutputFormat.setOutputPath(job, new Path(args[1]));

    // 执行任务
    job.waitForCompletion(true);
}
```

(7) 打包运行任务，输出的结果如图 1-38 所示。

```
 bigdata11   +
[root@bigdata11 jars]# hdfs dfs -cat /output/s6/part-r-00000
20      17275
[root@bigdata11 jars]#
```

图 1-38　输出的结果

任务三　企业人力资源员工数据的分析与处理

【职业能力目标】

通过本任务的学习，学生理解知识后，应达成以下能力目标。

1.3 企业员工数据的分析与处理

(1) 对经过清洗的企业人力资源员工数据进行分析，并找到需要的数据信息。

(2) 根据数据分析的需求，能使用大数据离线计算引擎处理员工数据，以获取相关的企业人力资源数据。

【任务描述与要求】

为了得到需要的数据，可以采用大数据离线计算引擎对清洗干净的数据进行分析和处理，由于数据是结构化数据也可以使用 SQL 语句进行分析处理。基于企业人力资源员工数据分析得到每个部门的人数、最高工资、最低工资和平均工资。

【知识储备】

一、大数据分析引擎 Hive

Hive 是基于 Hadoop 之上的数据仓库平台，提供了数据仓库的相关功能。Hive 最早起源于 FaceBook。2008 年 FaceBook 将 Hive 贡献给 Apache，成为 Hadoop 体系中的一个组成部分。Hive 支持的语言是 HQL(Hive Query Language)，它是 SQL 语言的一个子集。随着 Hive 版本的提高，HQL 语言支持的 SQL 语句也会越来越多。从另一个方面来看，可以把 Hive 理解为一个翻译器，默认的行为是 Hive on MapReduce，在 Hive 中执行的 HQL 语句会被转换成一个 MapReduce 任务运行在 Yarn 平台之上，从而处理 HDFS 中的数据。

Hive 是基于 Hadoop 之上的数据仓库平台。因此，Hive 的底层主要依赖于 HDFS 和 Yarn。Hive 将数据存入 HDFS 中，执行的 SQL 语句将会转换成 MapReduce 任务运行在 Yarn 平台中。图 1-39 所示为 Hive 的体系架构。

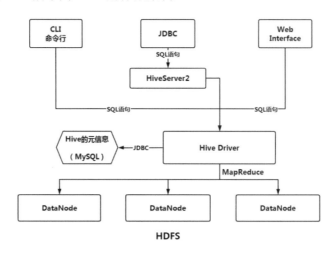

图 1-39　Hive 的体系架构

Hive 的核心是其执行引擎 Hive Driver，可以把它理解为一个翻译器。通过 Hive Driver 可以把 SQL 语句转换成 MapReduce 处理 HDFS 中的数据。由于 Hive 需要将数据模型的元信息保存下来，因此需要一个关系型数据库的支持，官方推荐使用 MySQL 数据库。这里的元信息是指表名、列名、列的类型、分区、桶的信息等。通过配置 JDBC 相关参数，在创建表的同时由 Hive Driver 将元信息存入 MySQL 数据库中。

Hive 提供了以下三种不同的方式来执行 SQL 语句。

1. CLI

CLI(Command Line Interface)是 Hive 的命令行客户端。Hive CLI 的使用方式基本上与 MySQL 数据库的命令行客户端一样，开发人员可以直接在命令行中书写 SQL 语句。

2.JDBC

可以把 Hive 当成一个关系型数据库来使用，因此可以使用标准的 JDBC(Java Database Connetivity，基于 Java 语言的数据库连接)程序来访问 Hive。但是，开发 JDBC 程序需要有数据库服务器的执行，因此 Hive 提供了 HiveServer2。通过这个 Server，JDBC 程序可以将 SQL 最终提交给 Hive Driver 执行。默认配置下 HiveServer2 的端口是 10000，而数据库的名称是 default。

3. Web Interface

Hive 提供基于 Web 的客户端来执行 SQL 语句。但是，从 Hive 2.3 版本开始，Hive Web Interface 就被淘汰了，原因是它所提供的功能过于简单。如果要使用 Web 客户端，建议使用 HUE(Hadoop User Experience，Hadoop 用户体验)客户端。

二、Hive 的数据模型

Hive 是基于 HDFS 之上的数据仓库，它把所有的数据存储在 HDFS 中，Hive 并没有专门的数据存储格式。当在 Hive 中创建了表，可以使用 load 语句将本地或者 HDFS 上的数据加载到表中，从而使用 SQL 语句进行分析和处理。Hive 的数据模型主要是指 Hive 的表结构，可以分为：内部表、外部表、分区表、临时表和桶表，同时 Hive 也支持视图。

1. Hive 的内部表

内部表与关系型数据库中的表是一样的。使用 create table 语句可以创建内部表，并且每张表在 HDFS 上都会对应一个目录。这个目录将默认创建在 HDFS 的/user/hive/warehouse目录下。除外部表外，表中如果存在数据，数据所对应的数据文件也将存储在这个目录下。删除表的时候，表的元信息和数据都将被删除。

下面使用之前的员工数据(emp.csv)来创建内部表。

(1) 执行 create table 语句创建表结构，命令如下：

```
hive> create table emp
(empno int,
ename string,
job string,
mgr int,
hiredate string,
sal int,
comm int,
deptno int)
row format delimited fields terminated by ',';
```

💡 提示：由于 csv 文件是采用逗号进行分隔的，因此在创建表的时候需要指定分隔符是逗号。Hive 表的默认分隔符是一个不可见字符。

(2) 使用 load 语句加载本地的数据文件，命令如下：

```
hive> load data local inpath '/root/temp/emp.csv' into table emp;
```

(3) 使用下面的语句加载 HDFS 的数据文件，命令如下：

```
hive> load data inpath '/scott/emp.csv' into table emp;
```

(4) 执行 SQL 语句的查询，命令如下：

```
hive> select * from emp order by sal;
```

(5) 整个执行的过程如图 1-40 所示。

```
hive> create table emp
    > (empno int,
    > ename string,
    > job string,
    > mgr int,
    > hiredate string,
    > sal int,
    > comm int,
    > deptno int)
    > row format delimited fields terminated by ',';
hive> load data local inpath '/root/temp/emp.csv' into table emp;
hive> select * from emp order by sal;
7369    SMITH    CLERK     7902    1980/12/17    800     0      20
7900    JAMES    CLERK     7698    1981/12/3     950     0      30
7876    ADAMS    CLERK     7788    1987/5/23     1100    0      20
7521    WARD     SALESMAN  7698    1981/2/22     1250    500    30
7654    MARTIN   SALESMAN  7698    1981/9/28     1250    1400   30
7934    MILLER   CLERK     7782    1982/1/23     1300    0      10
7844    TURNER   SALESMAN  7698    1981/9/8      1500    0      30
7499    ALLEN    SALESMAN  7698    1981/2/20     1600    300    30
7782    CLARK    MANAGER   7839    1981/6/9      2450    0      10
7698    BLAKE    MANAGER   7839    1981/5/1      2850    0      30
7566    JONES    MANAGER   7839    1981/4/2      2975    0      20
7788    SCOTT    ANALYST   7566    1987/4/19     3000    0      20
7902    FORD     ANALYST   7566    1981/12/3     3000    0      20
7839    KING     PRESIDENT -1      1981/11/17    5000    0      10
hive>
```

图 1-40　在 Hive 中创建表

(6) 查看 HDFS 的/user/hive/warehouse/目录，可以看到创建的 emp 表和加载的 emp.csv 文件，如图 1-41 所示。

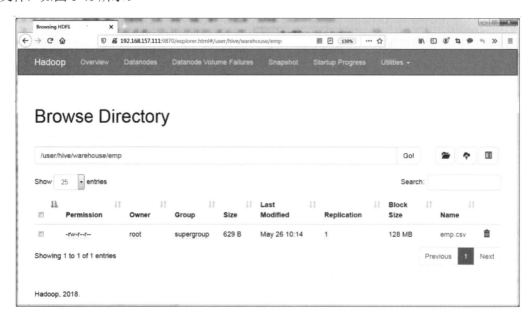

图 1-41　在 HDFS 上查看数据

2. Hive 的外部表

与内部表不同的是，外部表可以将数据存放在 HDFS 的任意目录下。可以把外部表理解为一个快捷方式，它的本质是建立一个指向 HDFS 上已有数据的链接，在创建表的同时会加载数据。而当删除外部表的时候，只会删除这个链接和对应的元信息，实际的数据不会从 HDFS 上删除。

(1) 在本地创建测试数据的文件：students01.txt 和 students02.txt 文件，代码如下：

```
[root@bigdata111 ~]# more students01.txt
```

```
1,Tom,23
2,Mary,22
[root@bigdata111 ~]# more students02.txt
3,Mike,24
[root@bigdata111 ~]#
```

(2) 将数据文件上传到 HDFS 的任意目录，命令如下：

```
hdfs dfs -mkdir /students
hdfs dfs -put students0*.txt /students
```

(3) 在 Hive 中创建外部表，命令如下：

```
hive> create external table ext_students
(sid int,sname string,age int)
row format delimited fields terminated by ','
location '/students';
```

(4) 执行 SQL 语句的查询，命令如下：

```
hive> select * from ext_students;
```

(5) 执行的结果如图 1-42 所示。

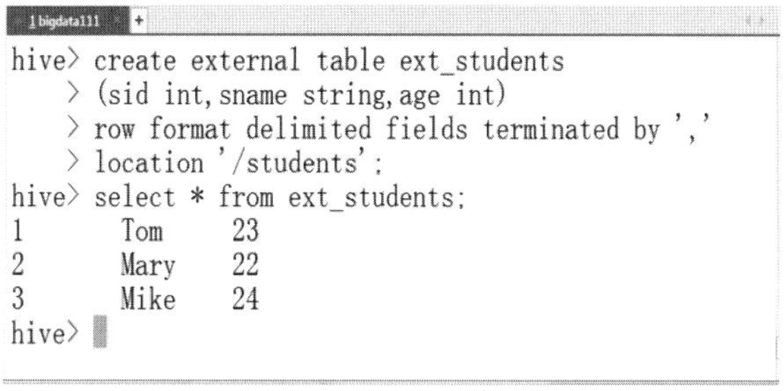

图 1-42 创建 Hive 的外部表

3. Hive 的分区表

Hive 的分区表和 Oracle、MySQL 中分区表的概念是一样的。当表上建立了分区，就会根据分区的条件从物理存储上将表中的数据进行分隔存储。而当执行查询语句时，也会根据分区的条件扫描特定分区中的数据，从而避免全表扫描，以提高查询的效率。Hive 分区表中的每个分区将会在 HDFS 上创建一个目录，分区中的数据则是该目录下的文件。在执行查询语句时，可以通过 SQL 语句的执行计划了解到是否在查询的时候扫描特定的分区。

Hive 的分区表具体又可以分为：静态分区表和动态分区表。静态分区表需要在插入数据的时候，显式指定分区的条件；而动态分区表则可以根据插入的数据建立动态分区。下面通过具体的示例，演示如何创建 Hive 的分区表。

(1) 创建静态分区表，命令如下：

```
hive> create table emp_part
(empno int,
ename string,
job string,
mgr int,
hiredate string,
```

```
sal int,
comm int)
partitioned by (deptno int)
row format delimited fields terminated by ',';
```

(2) 往静态分区表中插入数据时，需要指定具体的分区条件，这里使用了 3 条 insert 语句分别从内部表中查询出了 10 号、20 号和 30 号部门员工的数据，并插入到分区表中，SQL 命令如下：

```
hive> insert into table emp_part partition(deptno=10)
select empno,ename,job,mgr,hiredate,sal,comm from emp where deptno=10;

hive> insert into table emp_part partition(deptno=20)
select empno,ename,job,mgr,hiredate,sal,comm from emp where deptno=20;

hive> insert into table emp_part partition(deptno=30)
select empno,ename,job,mgr,hiredate,sal,comm from emp where deptno=30;
```

(3) 通过 explain 语句查看 SQL 语句的执行计划，如查询 10 号部门的员工信息。通过执行计划，可以看出扫描的数据量大小是 118B，如图 1-43 所示。

```
hive> explain select * from emp_part where deptno=10;
STAGE DEPENDENCIES:
  Stage-0 is a root stage

STAGE PLANS:
  Stage: Stage-0
    Fetch Operator
      limit: -1
      Processor Tree:
        TableScan
          alias: emp_part
          Statistics: Num rows: 3 Data size: 118 Basic stats: COMPLETE Column stats: NONE
          Select Operator
            expressions: empno (type: int), ename (type: string), job (type: string), mgr (type:
 int), hiredate (type: string), sal (type: int), comm (type: int), 10 (type: int)
            outputColumnNames: _col0, _col1, _col2, _col3, _col4, _col5, _col6, _col7
            Statistics: Num rows: 3 Data size: 118 Basic stats: COMPLETE Column stats: NONE
            ListSink

hive>
```

图 1-43 分区表的执行计划

(4) 图 1-44 所示是查询普通的内部表的执行计划，可以看到 Data Size 是 6290B。

```
hive>
hive> explain select * from emp where deptno=10;
STAGE DEPENDENCIES:
  Stage-0 is a root stage

STAGE PLANS:
  Stage: Stage-0
    Fetch Operator
      limit: -1
      Processor Tree:
        TableScan
          alias: emp
          Statistics: Num rows: 1 Data size: 6290 Basic stats: COMPLETE Column stats: NONE
          Filter Operator
            predicate: (deptno = 10) (type: boolean)
            Statistics: Num rows: 1 Data size: 6290 Basic stats: COMPLETE Column stats: NONE
            Select Operator
              expressions: empno (type: int), ename (type: string), job (type: string), mgr (type: int
), hiredate (type: string), sal (type: int), comm (type: int), 10 (type: int)
```

图 1-44 内部表的执行计划

4. Hive 的临时表

Hive 支持临时表，临时表的元信息和数据只存在于当前会话中。当前会话退出时，Hive 会自动删除临时表的元信息，并删除表中的数据。

(1) 创建一张临时表，表结构与内部表 emp 一致，命令如下：

```
hive> create temporary table emp_temp
(empno int,
ename string,
job string,
mgr int,
hiredate string,
sal int,
comm int,
deptno int);
```

(2) 往临时表中插入数据，命令如下：

```
hive> insert into emp_temp select * from emp;
```

(3) 查看当前数据库中的表，如图 1-45 所示。

```
hive> show tables;
```

(4) 退出当前会话，并重新登录 Hive 的命令行客户端，再次查看数据库中的表(见图 1-45)。

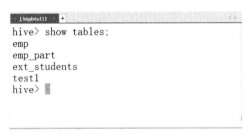

图 1-45　查看 Hive 的表

5. Hive 的桶表

桶表的本质其实是 Hash 分区。这里先对 Hash 分区做简单介绍。它是根据数据的 Hash 值进行分区，如果 Hash 值一样，那么对应的数据就会放入同一个分区中，如图 1-46 所示。

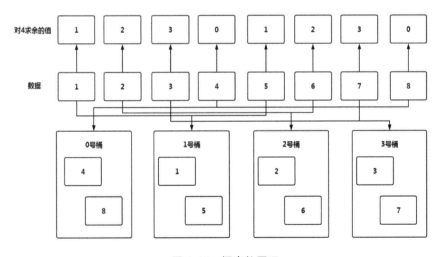

图 1-46　桶表的原理

图 1-46 中有 1 到 8 的数据需要保存。这里建立了 4 个桶，即 4 个分区。根据桶表的要求或者说是 Hash 分区的思路，我们可以选择一个 Hash 函数来对数据进行计算。比较简单的 Hash 函数如求余数。如果求出的余数相同，对应的数据将会被保存到同一个 Hash 分区中，即保存到同一个桶中。

Hive 的桶表也是根据分桶的条件来建立不同的桶。与分区不同，桶是一个文件，不是目录。而在创建 Hive 桶表的时候，可以指定分桶的字段和数目，如下面的示例。

(1) 创建员工表，并且指定分隔符，然后根据 job 创建桶表。这里将创建 4 个桶，命令如下：

```
hive> create table emp_bucket
(empno int,
ename string,
job string,
mgr int,
hiredate string,
sal int,
comm int,
deptno int)
clustered by (job) into 4 buckets
row format delimited fields terminated by ',';
```

(2) 往桶表中插入数据，这里会根据插入数据的 job 字段进行 Hash 运算，命令如下：

```
hive> insert into table emp_bucket select * from emp;
```

(3) 查看 HDFS 对应的目录，可以看到每一个桶对应一个 HDFS 文件，如图 1-47 所示。

```
[root@bigdata111 ~]# hdfs dfs -ls /user/hive/warehouse/emp_bucket
Found 4 items
-rw-r--r--   1 root supergroup         44 2021-05-26 11:16 /user/hive/warehouse/emp_bucket/000000_0
-rw-r--r--   1 root supergroup        297 2021-05-26 11:16 /user/hive/warehouse/emp_bucket/000001_0
-rw-r--r--   1 root supergroup        274 2021-05-26 11:16 /user/hive/warehouse/emp_bucket/000002_0
-rw-r--r--   1 root supergroup          0 2021-05-26 11:16 /user/hive/warehouse/emp_bucket/000003_0
[root@bigdata111 ~]#
```

图 1-47 在 HDFS 上查看桶表

(4) 查看某个文件的内容，可以看到在文件 000001_0 中包含了 CLERK 和 MANAGER 两种职位的员工数据，如图 1-48 所示。

```
[root@bigdata111 ~]# hdfs dfs -cat /user/hive/warehouse/emp_bucket/000001_0
7934,MILLER,CLERK,7782,1982/1/23,1300,0,10
7900,JAMES,CLERK,7698,1981/12/3,950,0,30
7876,ADAMS,CLERK,7788,1987/5/23,1100,0,20
7782,CLARK,MANAGER,7839,1981/6/9,2450,0,10
7698,BLAKE,MANAGER,7839,1981/5/1,2850,0,30
7566,JONES,MANAGER,7839,1981/4/2,2975,0,20
7369,SMITH,CLERK,7902,1980/12/17,800,0,20
[root@bigdata111 ~]#
```

图 1-48 桶表中的数据

6. Hive 的视图

Hive 支持视图。视图是一种虚表，它本身不存储数据。一般来讲，从视图中查询数据，最终还是要从依赖的基表中查询数据。视图的本质其实是一个 SELECT 语句，可以跨越多张表，因此建立视图的主要目的是简化复杂的查询。

一般认为视图不能缓存数据，因此不能提高查询的效率。但是，通过建立物化视图就能达到缓存数据的目的，从而提供查询的性能。Hive 从 3.x 版本开始，支持物化视图。在创建物化视图时，物化视图可先执行 SQL 语句的查询，并将结果进行保存。这样在调用物化视图的时候，就可以避免执行 SQL 语句，从而快速地得到结果。因此，从这个意义上看，也可以把物化视图理解成是一种缓存机制。

(1) 创建部门表，命令如下：

```
hive> create table dept
(deptno int,
dname string,
loc string)
row format delimited fields terminated by ',';
```

(2) 加载数据到部门表中，命令如下：

```
hive> load data local inpath '/root/temp/dept.csv' into table dept;
```

(3) 创建一般视图，命令如下：

```
hive> create view myview as
select dept.dname,emp.ename
from emp,dept
where emp.deptno=dept.deptno;
```

(4) 创建物化视图，命令如下：

```
hive> create materialized view myview_mater as
select dept.dname,emp.ename
from emp,dept
where emp.deptno=dept.deptno;
```

(5) 检查 Yarn 的 Web Console，可以看出创建物化视图其实本质上执行的是一个 MapReduce 任务，如图 1-49 所示。

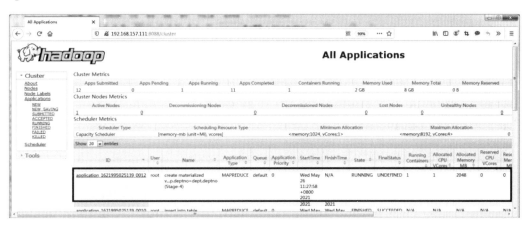

图 1-49　在 Yarn 的页面上监控任务

(6) 检查 MySQL 数据库中的 Hive 元信息，如表的信息等，如图 1-50 所示。

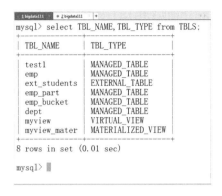

图 1-50　Hive 的元信息

【任务计划与决策】

企业人力资源数据的离线分析要求完以下三个任务。

(1) 使用各种离线计算引擎完成数据的分析与处理。

(2) 能够使用 SQL 语句创建符合需求的库表结构，并进行数据的分析与处理。

(3) 能够将计算结果保存到指定数据库表或者存储系统中。

【任务实施】

开发 MapReduce 程序进行数据的分析与处理。

(1) 开发 TotalResult 类用于封装分析处理的结果数据，代码如下：

```
package projectone.hr;

import java.io.DataInput;
import java.io.DataOutput;
import java.io.IOException;

import org.apache.hadoop.io.Writable;

public class TotalResult implements Writable {

    private int totalCount = 0; // 部门的总人数
    private float maxSalary = 0; //部门最高工资
    private float minSalary = 0; //部门最低工资
    private float avgSalary = 0; //部门平均工资

    @Override
    public void readFields(DataInput input) throws IOException {
        this.totalCount = input.readInt();
        this.maxSalary = input.readFloat();
        this.minSalary = input.readFloat();
        this.avgSalary = input.readFloat();
    }
```

```
    @Override
    public void write(DataOutput output) throws IOException {
        output.writeInt(this.totalCount);
        output.writeFloat(this.maxSalary);
        output.writeFloat(this.minSalary);
        output.writeFloat(this.avgSalary);
    }

    @Override
    public String toString() {
        return "TotalResult [totalCount=" + totalCount + ", maxSalary=" +
            maxSalary + ", minSalary=" + minSalary+ ", avgSalary=" + avgSalary + "]";
    }

    public int getTotalCount() {
        return totalCount;
    }
    public void setTotalCount(int totalCount) {
        this.totalCount = totalCount;
    }
    public float getMaxSalary() {
        return maxSalary;
    }
    public void setMaxSalary(float maxSalary) {
        this.maxSalary = maxSalary;
    }
    public float getMinSalary() {
        return minSalary;
    }
    public void setMinSalary(float minSalary) {
        this.minSalary = minSalary;
    }
    public float getAvgSalary() {
        return avgSalary;
    }
    public void setAvgSalary(float avgSalary) {
        this.avgSalary = avgSalary;
    }
}
```

(2) 开发 Map 程序，读取 HDFS 上的员工数据，代码如下：

```
package projectone.hr;

import java.io.IOException;

import org.apache.hadoop.io.IntWritable;
import org.apache.hadoop.io.LongWritable;
import org.apache.hadoop.io.Text;
import org.apache.hadoop.mapreduce.Mapper;
import org.apache.hadoop.mapreduce.Mapper.Context;

public class TotalMapper
extends Mapper<LongWritable, Text, IntWritable, Employee>{

    @Override
```

```
    protected void map(LongWritable k1, Text v1, Context context)
            throws IOException, InterruptedException {
        // TODO Auto-generated method stub
        String str = v1.toString();

        String[] data = str.split(",");
        if(data.length != 4) return;

        //创建员工对象
        Employee e = new Employee();

        e.setEmpno(Integer.parseInt(data[0]));    //设置员工号
        e.setEname(data[1]);                       //设置员工姓名
        e.setSalary(Float.parseFloat(data[2]));    //设置员工薪水
        e.setDeptno(Integer.parseInt(data[3]));    //设置员工的部门号

        //输出员工对象，将部门号作为K2，员工对象作为v2。
        context.write(new IntWritable(e.getDeptno()), e);
    }
}
```

(3) 开发 Reduce 程序进行数据的清洗，去掉重复的员工数据，代码如下：

```
package projectone.hr;

import java.io.IOException;
import java.util.Iterator;

import org.apache.hadoop.io.IntWritable;
import org.apache.hadoop.io.NullWritable;
import org.apache.hadoop.mapreduce.Reducer;
import org.apache.hadoop.mapreduce.Reducer.Context;

public class TotalReducer extends
Reducer<IntWritable, Employee, IntWritable, TotalResult> {

    @Override
    protected void reduce(IntWritable k3, Iterable<Employee> v3,
        Context context)
            throws IOException, InterruptedException {
        int totalCount = 0;             //部门人数
        float maxSalary = 0;            //部门最高薪水
        float minSalary = 100000;       //部门最低薪水
        float totalSalary = 0;          //部门薪水总和

        for(Employee emp:v3) {
            totalCount ++;
            totalSalary = totalSalary + emp.getSalary();
            if(emp.getSalary() >= maxSalary) {
                maxSalary = emp.getSalary();
            }

            if(emp.getSalary() <= minSalary) {
                minSalary = emp.getSalary();
            }
        }
```

```
            if(totalCount == 0) return;

            TotalResult result = new TotalResult();
            result.setTotalCount(totalCount);
            result.setMaxSalary(maxSalary);
            result.setMinSalary(minSalary);
            result.setAvgSalary(totalSalary/totalCount);

            //输出结果
            context.write(k3, result);
    }
}
```

(4) 开发主程序，代码如下：

```
package projectone.hr;

import java.io.IOException;

import org.apache.hadoop.conf.Configuration;
import org.apache.hadoop.fs.Path;
import org.apache.hadoop.io.IntWritable;
import org.apache.hadoop.io.NullWritable;
import org.apache.hadoop.mapreduce.Job;
import org.apache.hadoop.mapreduce.lib.input.FileInputFormat;
import org.apache.hadoop.mapreduce.lib.output.FileOutputFormat;

public class TotalMain {

    public static void main(String[] args) throws Exception {
        // 1. 创建任务，并且指定任务的入口
        Job job = Job.getInstance(new Configuration());
        job.setJarByClass(TotalMain.class);

        // 2. 指定任务的 Map 和 Map 的输出类型<k2  v2>
        job.setMapperClass(TotalMapper.class);
        job.setMapOutputKeyClass(IntWritable.class);       //k2
        job.setMapOutputValueClass(Employee.class);        //v2

        // 3. 指定任务的 Reduce 和 Reduce 的输出类型<k4 v4>
        job.setReducerClass(TotalReducer.class);
        job.setOutputKeyClass(IntWritable.class);          //k4
        job.setOutputValueClass(TotalResult.class);        //v4

        // 4. 指定任务的输入路径和输出路径
        FileInputFormat.setInputPaths(job, new Path(args[0]));
        FileOutputFormat.setOutputPath(job, new Path(args[1]));

        // 5. 执行任务
        job.waitForCompletion(true);
    }
}
```

(5) 将 MapReduce 程序打包成 demo.jar 文件并执行。输入路径为清洗干净的数据目录 /employees01，将输出的结果存放到 HDFS 的/employees02 目录，命令如下：

```
hadoop jar demo.jar /employees01 /employees02
```

(6) 查看分析处理后的结果，命令如下：

```
hdfs dfs -cat /employees02/part-r-00000
```

输出的结果如下。

```
0  [totalCount=1,maxSalary=7000.0,minSalary=7000.0,avgSalary=7000.0]
10 [totalCount=1,maxSalary=4400.0,minSalary=4400.0,avgSalary=4400.0]
20 [totalCount=2,maxSalary=13000.0,minSalary=6000.0,avgSalary=9500.0]
30 [totalCount=6,maxSalary=11000.0,minSalary=2500.0,avgSalary=4150.0]
40 [totalCount=1,maxSalary=6500.0,minSalary=6500.0,avgSalary=6500.0]
50 [totalCount=45,maxSalary=8200.0,minSalary=2100.0,avgSalary=3475.5]
60 [totalCount=5,maxSalary=9000.0,minSalary=4200.0,avgSalary=5760.0]
70 [totalCount=1,maxSalary=10000,minSalary=10000,avgSalary=10000.0]
80 [totalCount=34,maxSalary=14000,minSalary=6100,avgSalary=8955.83]
90 [totalCount=3,maxSalary=24000,minSalary=17000,avgSalary=19333.34]
100 [totalCount=6,maxSalary=12008,minSalary=6900,avgSalary=8601.33]
110 [totalCount=2,maxSalary=12008,minSalary=8300,avgSalary=10154]
```

(7) 输出结果如图 1-51 所示。

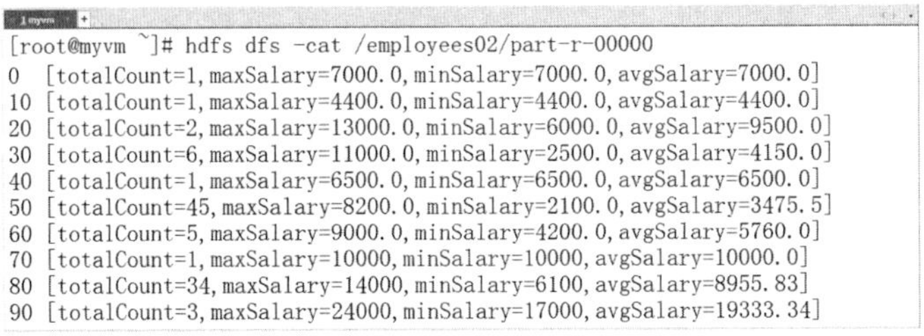
```
[root@myvm ~]# hdfs dfs -cat /employees02/part-r-00000
0  [totalCount=1, maxSalary=7000.0, minSalary=7000.0, avgSalary=7000.0]
10 [totalCount=1, maxSalary=4400.0, minSalary=4400.0, avgSalary=4400.0]
20 [totalCount=2, maxSalary=13000.0, minSalary=6000.0, avgSalary=9500.0]
30 [totalCount=6, maxSalary=11000.0, minSalary=2500.0, avgSalary=4150.0]
40 [totalCount=1, maxSalary=6500.0, minSalary=6500.0, avgSalary=6500.0]
50 [totalCount=45, maxSalary=8200.0, minSalary=2100.0, avgSalary=3475.5]
60 [totalCount=5, maxSalary=9000.0, minSalary=4200.0, avgSalary=5760.0]
70 [totalCount=1, maxSalary=10000, minSalary=10000, avgSalary=10000.0]
80 [totalCount=34, maxSalary=14000, minSalary=6100, avgSalary=8955.83]
90 [totalCount=3, maxSalary=24000, minSalary=17000, avgSalary=19333.34]
```

图 1-51 分析处理的结果

【任务检查与评价】

完成任务实施后，进行任务检查与评价，任务检查评价表如表 1-4 所示。

表 1-4 任务检查评价表

项目名称	企业人力资源员工数据的离线分析			
任务名称	准备项目数据与环境			
评价方式	可采用自评、互评、教师评价等方式			
说　明	主要评价学生在项目学习过程中的操作技能、理论知识、学习态度、课堂表现、学习能力等			
评价内容与评价标准				
序号	评价内容	评价标准	分值	得分
1	知识运用(20%)	掌握相关理论知识，理解本次任务要求，制订详细计划，计划条理清晰，逻辑正确(20 分)	20 分	
		理解相关理论知识，能根据本次任务要求制订合理计划(15 分)		
		了解相关理论知识，并制订了计划(10 分)		
		没有制订计划(0 分)		

续表

序号	评价内容	评价标准	分值	得分
2	专业技能 (40%)	结果验证全部满足(40 分)	40 分	
		结果验证只有一个功能不能实现，其他功能全部实现(30 分)		
		结果验证只有一个功能实现，其他功能全部没有实现(20 分)		
		结果验证所有功能均未实现(0 分)		
3	核心素养 (20%)	具有良好的自主学习能力、分析解决问题的能力，整个任务过程中指导过他人(20 分)	20 分	
		具有较好的学习能力和分析解决问题的能力，任务过程中没有指导他人(15 分)		
		能够主动学习并收集信息，有请求他人帮助解决问题的能力(10 分)		
		不主动学习(0 分)		
4	课堂纪律 (20%)	设备无损坏，无干扰课堂秩序言行(20 分)	20 分	
		无干扰课堂秩序言行(10 分)		
		有干扰课堂秩序言行(0 分)		

【任务小结】

任务三的思维导图如图 1-52 所示。

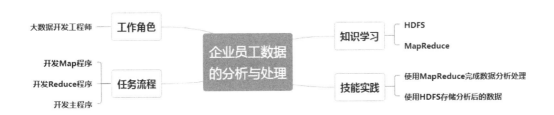

图 1-52　任务三的思维导图

在本次任务中，学生需要使用 MapReduce 完成对企业人力资源员工数据的分析处理工作，并将结果保存到 HDFS 中。通过该任务，学生可以了解 MapReduce 的执行过程，并使用 Java 语言开发对应的处理程序。

【任务拓展】

基于本项目的业务场景和原始数据，请尝试实现以下功能：使用 Hive SQL 分析启用员工数据。

(1) 创建 Hive 的外部表，命令如下：

```
hive> create external table employees
(empno int,
ename string,
```

```
sal float,
deptno int)
row format delimited fields terminated by ','
location '/employees01';
```

(2) 执行 SQL 语句查询每个部门的人数、最高工资、最低工资和平均工资，命令如下：

```
hive> select deptno,count(*),max(sal),min(sal),avg(sal)
from employees group by deptno;
```

输出的结果如下：

部门号	人数	最高工资	最低工资	平均工资
0	1	7000.0	7000.0	7000.0
10	1	4400.0	4400.0	4400.0
20	2	13000.0	6000.0	9500.0
30	6	11000.0	2500.0	4150.0
40	1	6500.0	6500.0	6500.0
50	45	8200.0	2100.0	3475.5555555555557
60	5	9000.0	4200.0	5760.0
70	1	10000.0	10000.0	10000.0
80	34	14000.0	6100.0	8955.882352941177
90	3	24000.0	17000.0	19333.333333333332
100	6	12008.0	6900.0	8601.333333333334
110	2	12008.0	8300.0	10154.0

💡 提示：对比 MapReduce 分析处理的结果和 Hive 分析处理的结果，可以看出二者是一致的。

项目二

电商平台商品销售数据的离线分析

在电商平台的运营管理中需要对商品订单的数据进行统计，从而掌握商品销售的相关信息，包括每年的销售单数、销售总额，以及每年每种商品的销售总额等。图 2-1 所示为项目二的整体架构。

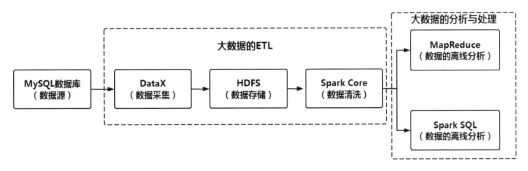

图 2-1　项目二的整体架构

任务一　电商平台商品销售数据的获取

2.1 电商平台商品
销售数据的获取

●【职业能力目标】

通过本任务的学习，学生理解相关知识后，应达成以下能力目标。

(1) 根据存储系统的导入方式，能将采集的数据进行过滤优化，实现高效存储。

(2) 根据采集脚本及数据过滤需求，能使用 DataX 工具完成从关系型数据库 MySQL 中采集商品销售数据，并将其存入 HDFS。

●【任务描述与要求】

在电商平台的运营管理中要对商品的销售数据进行统计，从而掌握平台运营的相关信息，包括每年的销售单数、销售总额，以及每年每种商品的销售总额等。本任务为该项目的前置任务，将完成数据的采集工作。

(1) 能使用命令行脚本的方式，进行获取离线数据结构信息。

(2) 能使用 DataX 插件完成 MySQL 数据的采集。

●【知识储备】

DataX 是阿里巴巴集团内被广泛使用的离线数据同步工具(平台)，实现包括 MySQL、Oracle、SQL Server、Postgre、HDFS、Hive、ADS、HBase、TableStore(OTS)、MaxCompute(ODPS)、DRDS 等各种异构数据源之间高效的数据同步功能(见图 2-2)。DataX 将不同数据源的同步抽象为从源头数据源读取数据的 Reader 插件，以及向目标端写入数据的 Writer 插件，理论上 DataX 框架可以支持任意数据源类型的数据同步工作。同时 DataX 插件体系作为一套生态系统，每接入一套新数据源该新加入的数据源即可实现和现有的数据源互通。

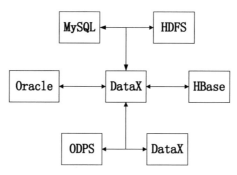

图 2-2　DataX 的数据同步

DataX 插件将复杂的网状的同步链路变成了星形数据链路，DataX 插件作为中间传输载体负责连接各种数据源。当需要接入一个新的数据源时，只需要将此数据源对接到 DataX 插件，便能与已有的数据源做到无缝数据同步，如图 2-3 所示。

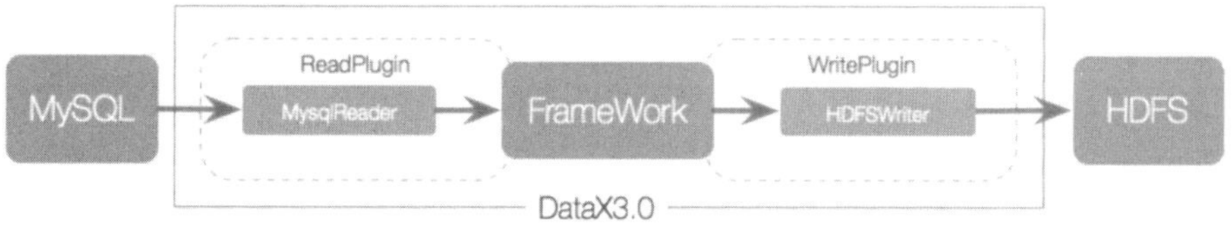

图 2-3 DataX 的架构

DataX 插件作为离线数据的同步框架，采用 Framework + plugin 架构构建。将数据源读取和写入抽象成为 Reader/Writer 插件，纳入整个同步框架中。

(1) Reader。Reader 为数据采集模块，负责采集数据源的数据，将数据发送到 Framework。

(2) Writer。Writer 为数据写入模块，负责不断从 Framework 提取数据，并将数据写入目的端。

(3) Framework。Framework 用于连接 reader 和 writer，作为两者的数据传输通道，并处理缓冲、流控、并发、数据转换等核心技术问题。

DataX 插件目前有比较全面的插件体系，主流的 RDBMS 关系型数据库、NoSQL 数据存储、大数据计算系统都已经接入，目前支持的数据类型如表 2-1 所示。

表 2-1 DataX 的插件体系支持的数据类型及功能

类 型	数据源	Reader(读)	Writer(写)	文 档
RDBMS 关系型数据库	MySQL	√	√	读、写
	Oracle	√	√	读、写
	SQLServer	√	√	读、写
	PostgreSQL	√	√	读、写
	DRDS	√	√	读、写
	达梦	√	√	读、写
	通用 RDBMS	√	√	读、写
阿里云数仓数据存储	ODPS	√	√	读、写
	ADS		√	写
	OSS	√	√	读、写
	OCS	√	√	读、写
NoSQL 数据存储	OTS	√	√	读、写
	HBase 0.94	√	√	读、写
	HBase 1.1	√	√	读、写
	Phoenix 4.x	√	√	读、写
	Phoenix 5.x	√	√	读、写
	MongoDB	√	√	读、写
	Hive	√	√	读、写

续表

类　型	数据源	Reader(读)	Writer(写)	文　档
无结构化数据存储	TxtFile	√	√	读、写
	FTP	√	√	读、写
	HDFS	√	√	读、写
	Elasticsearch		√	写
时间序列数据库	OpenTSDB	√		读
	TSDB	√	√	读、写
	TDengine	√	√	读、写

【任务计划与决策】

电商平台商品销售数据主要包含商品销售的详细数据信息，表 2-2 所示为销售数据中包含的内容。

表2-2　销售数据中包含的内容

列　名	列的类型	说　明
PROD_ID	NUMBER	商品 ID
CUST_ID	NUMBER	顾客 ID
TIME_ID	DATE	订单购买时间
CHANNEL_ID	NUMBER	购买渠道 ID
PROMO_ID	NUMBER	促销信息 ID
QUANTITY_SOLD	NUMBER(10,2)	订单购买数量
AMOUNT_SOLD	NUMBER(10,2)	订单金额

数据观察可以帮助我们了解到数据的分布情况，这样一来便可以根据需要使用 DataX 插件进行数据的采集。而采集到的数据可能存在空值或者错误等情况，因此还需要对数据进行打印，观察采集到的数据存在什么问题，并针对这些问题进行相应的处理。

根据所学相关知识，请制订完成本次任务的实施计划。

【任务实施】

一、将电商平台订单销售的原始数据导入 MySQL 数据库

(1) 登录 MySQL 数据库，命令如下：

```
mysql -uroot -pWelcome_1
```

(2) 创建 SH 数据库，并切换到 SH 数据库，命令如下：

```
mysql> create database sh;
Query OK, 1 row affected (0.01 sec)

mysql> use sh;
Database changed
```

```
mysql>
```

(3) 创建 sales 订单表，命令如下：

```
mysql> create table sales(
    prod_id        int,
    cust_id        int,
    time_id        varchar(20),
    channel_id     int,
    promo_id       int,
    quantity_sold  float,
    amount_sold    float
);
```

(4) 导入原始数据 sales，命令及执行结果如下：

```
mysql> load data local infile '/root/data/sales'
into table sales
fields terminated by ','
lines terminated by '\n';

Query OK, 918843 rows affected (4.68 sec)
Records: 918843 Deleted: 0 Skipped: 0 Warnings: 0
```

(5) 验证员工表中的数据，命令及执行结果如下：

```
mysql> select count(*) from sales;
+----------+
| count(*) |
+----------+
|   918843 |
+----------+
1 row in set (0.00 sec)
```

💡 **提示：** 从输出的结果可以看出，在原始的 sales 文件中共有 918 843 条记录。

(6) 执行下面的查询获取前 10 条订单数据，命令及执行结果如下：

```
mysql> select prod_id as "商品ID",cust_id as "顾客ID",
amount_sold as "金额"
from sales
limit 10;;

+---------+---------+---------+
| 商品ID  | 顾客ID  | 金额    |
+---------+---------+---------+
|      13 |     987 | 1232.16 |
|      13 |    1660 | 1232.16 |
|      13 |    1762 | 1232.16 |
|      13 |    1843 | 1232.16 |
|      13 |    1948 | 1232.16 |
|      13 |    2273 | 1232.16 |
|      13 |    2380 | 1232.16 |
|      13 |    2683 | 1232.16 |
|      13 |    2865 | 1232.16 |
|      13 |    4663 | 1232.16 |
+---------+---------+---------+
10 rows in set (0.00 sec)
```

二、安装并使用 DataX 插件完成数据的采集

(1) 从下面的地址下载 DataX 插件的安装介质，将下载的 datax 安装包上传到 Linux 环境中，命令如下：

```
http://datax-opensource.oss-cn-hangzhou.aliyuncs.com/datax.tar.gz
```

(2) 将 DataX 插件的安装包解压到/root/training 目录，命令如下：

```
tar -zxvf datax.tar.gz -C /root/training/
cd /root/training/datax/
```

(3) 删除 DataX 插件的隐藏文件，命令如下：

```
rm -rf plugin/*/._*
```

(4) 执行 DataX 插件的自检，命令如下：

```
python bin/datax.py job/job.json
```

输出的信息如下：

```
2022-05-06 09:29:48.295 [job-0] INFO  JobContainer -
任务启动时刻                    : 2022-05-06 09:29:38
任务结束时刻                    : 2022-05-06 09:29:48
任务总计耗时                    :              10s
任务平均流量                    :        253.91KB/s
记录写入速度                    :        10000rec/s
读出记录总数                    :           100000
读写失败总数                    :               0
```

(5) 新建 DataX 插件的任务脚本文件 job/mysql-to-hdfs.json，并输入下面的内容：

```
{
    "job": {
        "content": [{
            "reader": {
                "name": "mysqlreader",
                "parameter": {
                    "column": [
                        "prod_id",
                        "cust_id",
                        "time_id",
                        "channel_id",
                        "promo_id",
                        "quantity_sold",
                        "amount_sold"
                    ],
                    "connection": [{
                        "jdbcUrl": [
                            "jdbc:mysql://127.0.0.1:3306/sh"
                        ],
                        "table": [
                            "sales"
                        ]
                    }],
                    "username": "root",
                    "password": "Welcome_1"
```

```
                }
            },
            "writer": {
                "name": "hdfswriter",
                "parameter": {
                    "column": [
                        {
                            "name": "prod_id",
                            "type": "int"
                        },
                        {
                            "name": "cust_id",
                            "type": "int"
                        },
                        {
                            "name": "time_id",
                            "type": "string"
                        },
                        {
                            "name": "channel_id",
                            "type": "int"
                        },
                        {
                            "name": "promo_id",
                            "type": "int"
                        },
                        {
                            "name": "quantity_sold",
                            "type": "float"
                        },
                        {
                            "name": "amount_sold",
                            "type": "float"
                        }
                    ],
                    "defaultFS": "hdfs://127.0.0.1:9000",
                    "fieldDelimiter": ",",
                    "fileName": "sales.txt",
                    "fileType": "text",
                    "path": "/sh",
                    "writeMode": "append"
                }
            }
        }],
        "setting": {
            "speed": {
                "channel": "1"
            }
        }
    }
}
```

（6）在 HDFS 上创建订单数据存储的目录，命令如下：

```
hdfs dfs -mkdir /sh
```

(7) 执行订单数据的采集，命令如下：

```
python bin/datax.py job/mysql-to-hdfs.json
```

输出的信息如下：

```
2022-05-06 09:51:59.357 [job-0] INFO  JobContainer -
任务启动时刻              : 2022-05-06 09:51:47
任务结束时刻              : 2022-05-06 09:51:59
任务总计耗时              :                 12s
任务平均流量              :            2.33MB/s
记录写入速度              :          91884rec/s
读出记录总数              :              918843
读写失败总数              :                   0
```

(8) 查看采集到的订单数据，命令如下：

```
hdfs dfs -cat /sh/sales.txt_
```

输出的信息如下：

```
13,987,1998-01-10,3,999,1.0,1232.16
13,1660,1998-01-10,3,999,1.0,1232.16
13,1762,1998-01-10,3,999,1.0,1232.16
13,1843,1998-01-10,3,999,1.0,1232.16
13,1948,1998-01-10,3,999,1.0,1232.16
13,2273,1998-01-10,3,999,1.0,1232.16
13,2380,1998-01-10,3,999,1.0,1232.16
13,2683,1998-01-10,3,999,1.0,1232.16
......
```

【任务检查与评价】

完成任务实施后，进行任务检查与评价，任务检查评价表如表 2-3 所示。

表 2-3　任务检查评价表

项目名称	企业人力资源员工数据的离线分析				
任务名称	准备项目数据与环境				
评价方式	可采用自评、互评、教师评价等方式				
说　　明	主要评价学生在项目学习过程中的操作技能、理论知识、学习态度、课堂表现、学习能力等				
评价内容与评价标准					
序号	评价内容	评价标准		分值	得分
1	知识运用(20%)	掌握相关理论知识，理解本次任务要求，制订详细计划，计划条理清晰，逻辑正确(20 分)		20 分	
		理解相关理论知识，能根据本次任务要求制订合理计划(15 分)			
		了解相关理论知识，并制订了计划(10 分)			
		没有制订计划(0 分)			

续表

序号	评价内容	评价标准	分值	得分
2	专业技能 (40%)	结果验证全部满足(40 分)	40 分	
		结果验证只有一个功能不能实现，其他功能全部实现(30 分)		
		结果验证只有一个功能实现，其他功能全部没有实现(20 分)		
		结果验证所有功能均未实现(0 分)		
3	核心素养 (20%)	具有良好的自主学习能力、分析解决问题的能力，整个任务过程中指导过他人(20 分)	20 分	
		具有较好的学习能力和分析解决问题的能力，任务过程中没有指导他人(15 分)		
		能够主动学习并收集信息，有请求他人帮助解决问题的能力(10 分)		
		不主动学习(0 分)		
4	课堂纪律 (20%)	设备无损坏，无干扰课堂秩序言行(20 分)	20 分	
		无干扰课堂秩序言行(10 分)		
		有干扰课堂秩序言行(0 分)		

【任务小结】

任务一的思维导图如图 2-4 所示。

图 2-4　任务一的思维导图

在本次任务中，学生需要使用 MySQL 数据库来存储原始的订单数据，并使用 DataX 插件进行数据的采集，最后将采集到的数据保存到 HDFS 分布式文件系统中。通过该任务，学生可以了解 MySQL 的使用方法以及完成的数据采集流程，并掌握 HDFS 的操作方法与 DataX 插件的使用。

【任务拓展】

基于本项目的业务场景和原始数据，请尝试实现以下功能。

尽管可以将数据存入 HDFS 中，但在某些情况下为了可以更好地分析和处理数据，需要将数据存入 HBase 中。HBase 是一种列式存储的 NoSQL 数据库，它提供了比 HDFS 更加强大的功能特性。

任务二　清洗电商平台商品销售数据

2.2 清洗电商平台
商品销售数据

◉【职业能力目标】

通过本任务的学习，学生理解相关知识后，应达成以下能力目标。

(1)　根据数据分析的需求对采集到的订单数据进行数据的清洗。

(2)　使用不同的方式对存储在 HDFS 中的商品订单数据进行数据的清洗。

◉【任务描述与要求】

针对商品订单原始数据的清洗，为了验证数据采集的准确性，在数据采集的最后一步，需要对存储的数据文件进行观察并验证是否与原始数据库中的数据是否一致。若不一致，需要重新检查数据采集的过程，直至找到问题所在。在确定数据的正确性后则需要进一步进行数据的清洗，例如将数据中重复数据和异常数据进行删除处理。

◉【知识储备】

一、大数据离线计算引擎 MapReduce

MapReduce 是一种分布式计算模型，用以进行大数据量的计算，它是一种离线计算处理模型。MapReduce 通过 Map 和 Reduce 两个阶段的划分，非常适合在大量计算机组成的分布式并行环境里进行数据处理。通过 MapReduce 既可以处理 HDFS 中的数据，也可以处理 HBase 中的数据。

二、大数据离线计算引擎 Spark Core

Spark Core 是 Spark 的核心部分，也是 Spark 执行引擎。我们在 Spark 中执行的所有计算都是由 Spark Core 完成，它是一个种离线计算引擎。也就是说，Spark 中的所有计算都是离线计算，不存在真正的实时计算。Spark Core 提供了 SparkContext 访问接口用于提交执行 Spark 任务。通过该访问接口，我们既可以开发 Java 程序，也可以开发 Scala 程序来分析和处理数据。SparkContext 也是 Spark 中最重要的一个对象。

三、大数据离线计算引擎 Flink DataSet

DataSet API 是 Flink 的批处理模块，基于此 API 又提供了 MLlib 机器学习算法的框架、Gelly 的图计算框架和数据分析引擎工具 Table & SQL。

◉【任务计划与决策】

数据清洗可以去除原始数据中错误的或者是不满足要求的数据，从而为数据的分析与处理提供正确而精准的支持。数据的清洗主要包含以下两个方面。

(1)　能使用将数据中字段数不是 7 的记录进行删除处理。

(2) 根据所学相关知识，请制订完成本次任务的实施计划。

【任务实施】

(1) 在 Scala IDE 中创建 Scala 工程，并将以下的 jar 包加入工程的 Classpath。

```
/root/training/spark-3.0.0-bin-hadoop3.2/jars/*.jar
```

(2) 开发 Spark 程序完成订单数据的清洗，代码如下：

```scala
package demo

import org.apache.spark.SparkConf
import org.apache.spark.SparkContext
import org.apache.log4j.Logger
import org.apache.log4j.Level

object CleanData {
 //定义 main 方法
 def main(args: Array[String]): Unit = {
   Logger.getLogger("org.apache.spark").setLevel(Level.ERROR)
   Logger.getLogger("org.eclipse.jetty.server").setLevel(Level.OFF)

   //设置环境变量
   System.setProperty("HADOOP_USER_NAME","root")

   val conf = new SparkConf().setAppName("Sales-CleanData")
   val sc = new SparkContext(conf)

   //读取数据
   val fileRDD = sc.textFile(args(0))

   //清洗数据：过滤不满足 7 个字段的数据
   val cleanDataRDD = fileRDD.map(_.split(",")).filter(_.length == 7)

   //测试输出的结果
   //cleanDataRDD.foreach { x => println(x.mkString("|")) }

    //将结果保存到 HDFS
   cleanDataRDD.map(x=>x.mkString(",")).saveAsTextFile(args(1))
   sc.stop()
   println("Finish")
 }
}
```

(3) 将 Spark 的程序打包成 democlean.jar 文件。

(4) 启动 Spark 集群，并使用 spark-submit 提交任务 democlean.jar 文件，命令如下：

```
bin/spark-submit --master spark://localhost:7077 \
--class demo.CleanData \
    /sh /saleorder01
```

(5) 查看 HDFS 目录/saleorder01 下清洗后的数据，如图 2-5 所示。

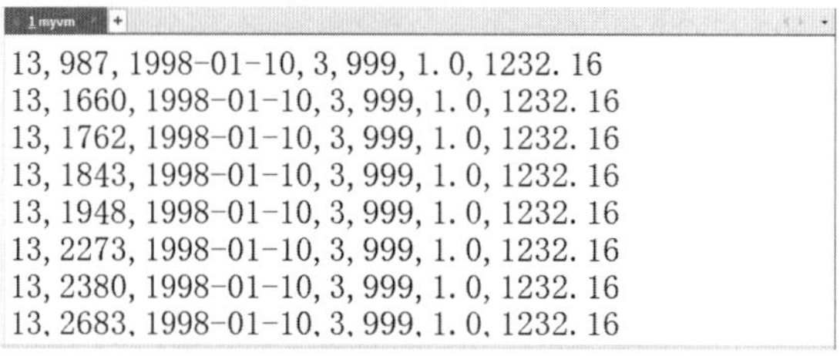

```
13, 987, 1998-01-10, 3, 999, 1.0, 1232. 16
13, 1660, 1998-01-10, 3, 999, 1.0, 1232. 16
13, 1762, 1998-01-10, 3, 999, 1.0, 1232. 16
13, 1843, 1998-01-10, 3, 999, 1.0, 1232. 16
13, 1948, 1998-01-10, 3, 999, 1.0, 1232. 16
13, 2273, 1998-01-10, 3, 999, 1.0, 1232. 16
13, 2380, 1998-01-10, 3, 999, 1.0, 1232. 16
13, 2683, 1998-01-10, 3, 999, 1.0, 1232. 16
```

图 2-5　查看清洗后的数据

◉【任务检查与评价】

完成任务实施后，进行任务检查与评价，任务检查评价表如表 2-4 所示。

表 2-4　任务检查评价表

项目名称	企业人力资源员工数据的离线分析			
任务名称	准备项目数据与环境			
评价方式	可采用自评、互评、教师评价等方式			
说　明	主要评价学生在项目学习过程中的操作技能、理论知识、学习态度、课堂表现、学习能力等			
评价内容与评价标准				
序号	评价内容	评价标准	分值	得分
1	知识运用 (20%)	掌握相关理论知识，理解本次任务要求，制订详细计划，计划条理清晰，逻辑正确(20 分)	20 分	
		理解相关理论知识，能根据本次任务要求制订合理计划(15 分)		
		了解相关理论知识，并制订了计划(10 分)		
		没有制订计划(0 分)		
2	专业技能 (40%)	结果验证全部满足(40 分)	40 分	
		结果验证只有一个功能不能实现，其他功能全部实现(30 分)		
		结果验证只有一个功能实现，其他功能全部没有实现(20 分)		
		结果验证所有功能均未实现(0 分)		
3	核心素养 (20%)	具有良好的自主学习能力、分析解决问题的能力，整个任务过程中指导过他人(20 分)	20 分	
		具有较好的学习能力和分析解决问题的能力，任务过程中没有指导他人(15 分)		
		能够主动学习并收集信息，有请求他人帮助解决问题的能力(10 分)		
		不主动学习(0 分)		
4	课堂纪律 (20%)	设备无损坏，无干扰课堂秩序言行(20 分)	20 分	
		无干扰课堂秩序言行(10 分)		
		有干扰课堂秩序言行(0 分)		

【任务小结】

任务二的思维导图如图 2-6 所示。

图 2-6　任务二的思维导图

在本次任务中，学生需要使用 Spark Core 完成对原始数据的清洗工作，并将清洗后的结果保存到 HDFS 中。通过该任务，学生可以了解 Spark Core 的执行过程，并使用 Scala 语言开发对应的处理程序。

【任务拓展】

在本任务中通过开发 Spark Core 程序完成了数据的清洗，本小节将通过几个具体的编程示例，来介绍如何开发常见的 Spark 程序。开发 Spark 程序需要将以下的 jar 文件包含在Scala 工程或者 Java 程序中，或者使用 Maven 工具的方式来搭建工程。

```
/root/training/spark-3.0.0-bin-hadoop3.2/jars
```

1. 开发 Java 版 WordCount

下面是对应的 Java 版本的 WordCount 程序。

```java
import java.util.Arrays;
import java.util.Iterator;
import java.util.List;

import org.apache.spark.SparkConf;
import org.apache.spark.api.java.JavaPairRDD;
import org.apache.spark.api.java.JavaRDD;
import org.apache.spark.api.java.JavaSparkContext;
import org.apache.spark.api.java.function.FlatMapFunction;
import org.apache.spark.api.java.function.Function2;
import org.apache.spark.api.java.function.PairFunction;

import scala.Tuple2;

public class JavaWordCount {

    public static void main(String[] args) {
        // 创建一个 JavaSparkContext 的对象，并且将其运行在本地模式
        SparkConf conf = new SparkConf().setAppName("JavaWordCount")
                            .setMaster("local");
        JavaSparkContext sc = new JavaSparkContext(conf);
```

```
        //读取 HDFS
        JavaRDD<String> text =
sc.textFile("hdfs://bigdata111:9000/input/data.txt");

        //分词
        JavaRDD<String> words = text.flatMap(new FlatMapFunction<String,
String>() {

            @Override
            public Iterator<String> call(String line) throws Exception {
                // 执行分词
                return Arrays.asList(line.split(" ")).iterator();
            }
        });

        //每个单词记一次数
        JavaPairRDD<String, Integer> wordsPair = words.mapToPair
        (new PairFunction<String, String, Integer>() {
            @Override
            public Tuple2<String, Integer> call(String word) throws Exception
{

                // 每个单词记一次数
                return new Tuple2<String, Integer>(word,1);
            }
        });

        //按照单词分组，计数
        JavaPairRDD<String, Integer> total = wordsPair.reduceByKey
        (new Function2<Integer, Integer, Integer>() {
            @Override
            public Integer call(Integer x, Integer y) throws Exception {
                return x + y;
            }
        });

        // 触发一个 Action
        List<Tuple2<String, Integer>> result = total.collect();

        //输出到屏幕
        for(Tuple2<String, Integer> r:result) {
            System.out.println(r._1+"\t"+r._2);
        }
        sc.stop();
    }
}
```

这里将任务直接运行在本地模式上，输出的结果如图 2-7 所示。也可以将程序打包为 jar 文件，通过 spark-submit 提交到集群上运行。

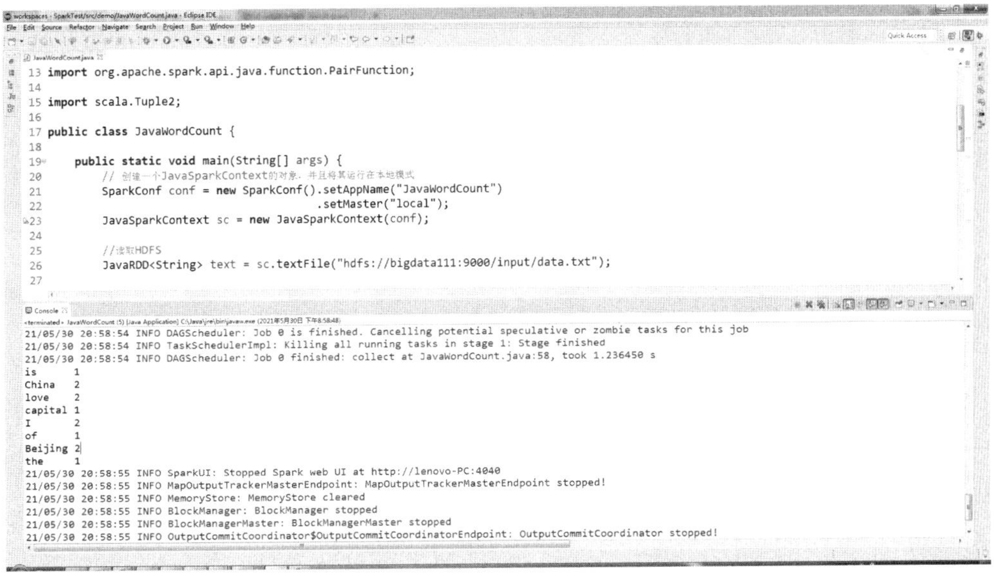

图 2-7　在 IDE 中运行 spark 程序

2. 开发 Spark 程序，计算网站的访问量

在网站的运维过程，需要统计每个网页的访问量，即 PV 值，从而用于支持用户的决策。下面是一个网站的点击日志，它是一个标准的 HTTP 访问日志，一共包含了 5 个字段：客户端的 IP、点击访问的时间、访问的资源、本次访问的状态和本次访问的流量大小。

```
192.168.88.1 - - [30/Jul/2017:12:53:43 +0800] "GET /MyDemoWeb/ HTTP/1.1" 200 259
192.168.88.1 - - [30/Jul/2017:12:53:43 +0800] "GET /MyDemoWeb/head.jsp
HTTP/1.1" 200 713
192.168.88.1 - - [30/Jul/2017:12:53:43 +0800] "GET /MyDemoWeb/body.jsp
HTTP/1.1" 200 240
192.168.88.1 - - [30/Jul/2017:12:54:37 +0800] "GET /MyDemoWeb/oracle.jsp
HTTP/1.1" 200 242
192.168.88.1 - - [30/Jul/2017:12:54:38 +0800] "GET /MyDemoWeb/hadoop.jsp
HTTP/1.1" 200 242
192.168.88.1 - - [30/Jul/2017:12:54:38 +0800] "GET /MyDemoWeb/java.jsp
HTTP/1.1" 200 240
192.168.88.1 - - [30/Jul/2017:12:54:40 +0800] "GET /MyDemoWeb/oracle.jsp
HTTP/1.1" 200 242
192.168.88.1 - - [30/Jul/2017:12:54:40 +0800] "GET /MyDemoWeb/hadoop.jsp
HTTP/1.1" 200 242
192.168.88.1 - - [30/Jul/2017:12:54:41 +0800] "GET /MyDemoWeb/mysql.jsp
HTTP/1.1" 200 241
192.168.88.1 - - [30/Jul/2017:12:54:41 +0800] "GET /MyDemoWeb/hadoop.jsp
HTTP/1.1" 200 242
192.168.88.1 - - [30/Jul/2017:12:54:42 +0800] "GET /MyDemoWeb/web.jsp HTTP/1.1"
200 239
192.168.88.1 - - [30/Jul/2017:12:54:42 +0800] "GET /MyDemoWeb/oracle.jsp
HTTP/1.1" 200 242
192.168.88.1 - - [30/Jul/2017:12:54:52 +0800] "GET /MyDemoWeb/oracle.jsp
HTTP/1.1" 200 242
192.168.88.1 - - [30/Jul/2017:12:54:52 +0800] "GET /MyDemoWeb/hadoop.jsp
HTTP/1.1" 200 242
192.168.88.1 - - [30/Jul/2017:12:54:53 +0800] "GET /MyDemoWeb/oracle.jsp
HTTP/1.1" 200 242
```

```
192.168.88.1 - - [30/Jul/2017:12:54:54 +0800] "GET /MyDemoWeb/mysql.jsp
HTTP/1.1" 200 241
192.168.88.1 - - [30/Jul/2017:12:54:54 +0800] "GET /MyDemoWeb/hadoop.jsp
HTTP/1.1" 200 242
192.168.88.1 - - [30/Jul/2017:12:54:54 +0800] "GET /MyDemoWeb/hadoop.jsp
HTTP/1.1" 200 242
192.168.88.1 - - [30/Jul/2017:12:54:56 +0800] "GET /MyDemoWeb/web.jsp HTTP/1.1"
200 239
192.168.88.1 - - [30/Jul/2017:12:54:56 +0800] "GET /MyDemoWeb/java.jsp
HTTP/1.1" 200 240
192.168.88.1 - - [30/Jul/2017:12:54:57 +0800] "GET /MyDemoWeb/oracle.jsp
HTTP/1.1" 200 242
192.168.88.1 - - [30/Jul/2017:12:54:57 +0800] "GET /MyDemoWeb/java.jsp
HTTP/1.1" 200 240
192.168.88.1 - - [30/Jul/2017:12:54:58 +0800] "GET /MyDemoWeb/oracle.jsp
HTTP/1.1" 200 242
192.168.88.1 - - [30/Jul/2017:12:54:58 +0800] "GET /MyDemoWeb/hadoop.jsp
HTTP/1.1" 200 242
192.168.88.1 - - [30/Jul/2017:12:54:59 +0800] "GET /MyDemoWeb/oracle.jsp
HTTP/1.1" 200 242
192.168.88.1 - - [30/Jul/2017:12:54:59 +0800] "GET /MyDemoWeb/hadoop.jsp
HTTP/1.1" 200 242
192.168.88.1 - - [30/Jul/2017:12:55:00 +0800] "GET /MyDemoWeb/mysql.jsp
HTTP/1.1" 200 241
192.168.88.1 - - [30/Jul/2017:12:55:00 +0800] "GET /MyDemoWeb/oracle.jsp
HTTP/1.1" 200 242
192.168.88.1 - - [30/Jul/2017:12:55:02 +0800] "GET /MyDemoWeb/web.jsp HTTP/1.1"
200 239
192.168.88.1 - - [30/Jul/2017:12:55:02 +0800] "GET /MyDemoWeb/hadoop.jsp
HTTP/1.1" 200 242
```

通过解析日志文件中的"访问的资源"属性,可以得到用户访问的网页名称。然后根据网页的名称,把访问相同网页的点击日志分组到一起。这样就可以求出该网页的 PV 值,完整的代码如下:

```scala
import org.apache.spark.SparkConf
import org.apache.spark.SparkContext
import org.apache.log4j.Logger
import org.apache.log4j.Level

object MyWebCount {
  def main(args: Array[String]): Unit = {
    //执行任务时,不要打印日志
    Logger.getLogger("org.apache.spark").setLevel(Level.ERROR)
    Logger.getLogger("org.eclipse.jetty.server").setLevel(Level.OFF)

    //创建一个 SparkContext 的对象,接收一个参数:SparkConf

    //将任务运行在本地模式
    val conf = new SparkConf().setAppName("MyWebCount").setMaster("local")
    val sc = new SparkContext(conf)

    //读取日志,解析出访问的网页
    val rdd1 =
sc.textFile("d:\\temp\\localhost_access_log.2017-07-30.txt").map(
      log => {
        //解析出访问的网页
        //1. 找到两个双引号的位置
```

```
    val index1 = log.indexOf("\"")
    val index2 = log.lastIndexOf("\"")
    //取出来的就是: GET /MyDemoWeb/hadoop.jsp HTTP/1.1
    val log1 = log.substring(index1+1,index2)

    //找到两个空格位置
    val index3 = log1.indexOf(" ")
    val index4 = log1.lastIndexOf(" ")
    //取出来的就是: /MyDemoWeb/hadoop.jsp
    val log2 = log1.substring(index3+1, index4)

    //得到访问的网页: hadoop.jsp
    val jspName = log2.substring(log2.lastIndexOf("/") + 1)

    //返回每个网页记一次数
    (jspName,1)
    }
)

//按照 jspName 进行分组、求和
val rdd2 = rdd1.reduceByKey(_+_)

//按照 value 进行排序: 降序
val rdd3 = rdd2.sortBy(_._2, false)

//输出到屏幕
rdd3.take(2).foreach(println)

sc.stop
}
}
```

3. 开发 Spark 程序创建自定义分区

Spark 通过继承 Partitioner 也可以实现对 RDD 的自定义分区函数。以上面的网站点击日志为例，创建一个自定义分区器用于根据访问的 jsp 网页建立分区。将访问相同的 jsp 网页的日志放到同一个分区中，再进行输出。这里输出的每一个分区最终将对应一个输出的文件，完整的代码如下所示。

(1) 定义一个分区规则，根据日志中访问的 jsp 文件的名字，将各自的访问日志放到不同的分区文件中，代码如下:

```
import org.apache.spark.Partitioner
import scala.collection.mutable.HashMap

class MyPartitioner(allJSPName:Array[String]) extends Partitioner{
 //定义一个 HashMap 保存分区的条件
 val partitionMap = new HashMap[String,Int]()

 //初始化 partitionMap
 //分区号
 var partID = 0
 for(name <- allJSPName){
   partitionMap.put(name, partID)
   partID += 1
 }
```

```
//分区的个数
override def numPartitions:Int = partitionMap.size

override def getPartition(key:Any):Int={
    //根据输入的 JSP 的名字返回对应的分区号
    //如果 key 存在，返回分区号；否则返回 0
    partitionMap.getOrElse(key.toString, 0)
  }
}
```

(2) 开发主程序使用自定义分区规则，代码如下：

```
import org.apache.spark.SparkConf
import org.apache.spark.SparkContext
import org.apache.log4j.Logger
import org.apache.log4j.Level

object MyWebPartitionDemo {
  def main(args: Array[String]): Unit = {
    //执行任务时不打印日志
    Logger.getLogger("org.apache.spark").setLevel(Level.ERROR)
    Logger.getLogger("org.eclipse.jetty.server").setLevel(Level.OFF)

    //创建一个 SparkContext 的对象，将任务运行在本地模式
    val conf = new SparkConf().setAppName("MyWebCount").setMaster("local")
    val sc = new SparkContext(conf)

    //读取日志，解析出访问的网页
    val rdd1 =
sc.textFile("d:\\temp\\localhost_access_log.2017-07-30.txt").map(
    log => {
        //解析出访问的网页
        //1. 找到两个双引号的位置
        val index1 = log.indexOf("\"")
        val index2 = log.lastIndexOf("\"")
        //取出来的就是: GET /MyDemoWeb/hadoop.jsp HTTP/1.1
        val log1 = log.substring(index1+1,index2)

        //找到两个空格位置
        val index3 = log1.indexOf(" ")
        val index4 = log1.lastIndexOf(" ")
        //取出来的就是: /MyDemoWeb/hadoop.jsp
        val log2 = log1.substring(index3+1, index4)

        //得到访问的网页: hadoop.jsp
        val jspName = log2.substring(log2.lastIndexOf("/") + 1)

        //返回(jspname, 对应的日志)
        (jspName,log)
    }
    )

    //得到所有唯一的 jsp 网页
    val rdd2 = rdd1.map(_._1).distinct().collect()

    //创建分区规则
    val myPartitioner = new MyPartitioner(rdd2)
```

```
    //根据 jsp 的名字创建分区
    val rdd3 = rdd1.partitionBy(myPartitioner)

    //输出 rdd3
    rdd3.saveAsTextFile("d:\\temp\\partition")

    sc.stop
  }
}
```

(3) 这里将分区后的结果直接输出到本地目录 d:\temp\partition，如图 2-8 所示。

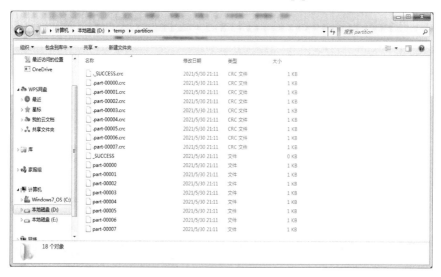

图 2-8 分区后的输出文件

(4) 查看某一个输出文件的内容，里面只包含了某一个网页所对应的日志，如图 2-9 所示。

```
📄 part-00001.txt - 记事本
文件(F) 编辑(E) 格式(O) 查看(V) 帮助(H)
(oracle.jsp,192.168.88.1 - - [30/Jul/2017:12:54:37 +0800] "GET /MyDemoWeb/oracle.jsp HTTP/1.1" 200 242)
(oracle.jsp,192.168.88.1 - - [30/Jul/2017:12:54:40 +0800] "GET /MyDemoWeb/oracle.jsp HTTP/1.1" 200 242)
(oracle.jsp,192.168.88.1 - - [30/Jul/2017:12:54:42 +0800] "GET /MyDemoWeb/oracle.jsp HTTP/1.1" 200 242)
(oracle.jsp,192.168.88.1 - - [30/Jul/2017:12:54:52 +0800] "GET /MyDemoWeb/oracle.jsp HTTP/1.1" 200 242)
(oracle.jsp,192.168.88.1 - - [30/Jul/2017:12:54:53 +0800] "GET /MyDemoWeb/oracle.jsp HTTP/1.1" 200 242)
(oracle.jsp,192.168.88.1 - - [30/Jul/2017:12:54:57 +0800] "GET /MyDemoWeb/oracle.jsp HTTP/1.1" 200 242)
(oracle.jsp,192.168.88.1 - - [30/Jul/2017:12:54:58 +0800] "GET /MyDemoWeb/oracle.jsp HTTP/1.1" 200 242)
(oracle.jsp,192.168.88.1 - - [30/Jul/2017:12:54:59 +0800] "GET /MyDemoWeb/oracle.jsp HTTP/1.1" 200 242)
(oracle.jsp,192.168.88.1 - - [30/Jul/2017:12:55:00 +0800] "GET /MyDemoWeb/oracle.jsp HTTP/1.1" 200 242)
```

图 2-9 查看分区中的数据

4. 访问数据库

通常在 Spark 中完成计算后，需要将结果保存到外部的存储上，如 HDFS 或者数据库中。前面的 WordCount 程序是将结果输出到 HDFS 中，这里以数据库为例来介绍如何在 Spark 中操作关系型数据库，以及需要注意的问题。改造之前的 WordCount 程序将结果输出到 MySQL 数据库中。

(1) 在 MySQL 数据库中创建一张表来保存结果,SQL 命令如下:

```
create table wordcount(word varchar(20),count number);
```

(2) 将 MySQL 数据库中的 JDBC 驱动加入开发工程中。

(3) 开发 Scala 版的 WordCount 程序,代码如下:

```scala
import org.apache.spark.SparkConf
import org.apache.spark.SparkContext
import org.apache.log4j.Logger
import org.apache.log4j.Level
import java.sql.DriverManager
import java.sql.Connection
import java.sql.PreparedStatement

object WordCountToMySQL {
  def main(args: Array[String]): Unit = {
    Logger.getLogger("org.apache.spark").setLevel(Level.ERROR)
    Logger.getLogger("org.eclipse.jetty.server").setLevel(Level.OFF)

    //创建一个 SparkContext 的对象,接收一个参数: SparkConf
    //本地模式
    val conf = new SparkConf().setAppName("WrodCountDemo").setMaster("local")
    val sc = new SparkContext(conf)

    //执行 WordCount
    val result = sc.textFile("hdfs://bigdata111:9000/input/data.txt")
              .flatMap(_.split(" ")).map((_,1)).reduceByKey(_+_)

    //针对分区将数据写入 MySQL
    //定义 JDBC 的相关参数
    //注册驱动
    Class.forName("com.mysql.jdbc.Driver")

    //创建数据库连接和 SQL 运行环境的 Statement 对象
    //获取 MySQL 的 JDBC 的 Connection
    val conn:Connection = DriverManager.
                    getConnection("jdbc:mysql://localhost:3306/demo",
                          "scott","tiger")
    val pst:PreparedStatement = conn.prepareStatement("insert into wordcount
values(?,?)")

    //将 RDD 结果保存到 MySQL
    result.foreach(f => {
      //把结果保存到 MySQL
      pst.setString(1, f._1)  //单词
      pst.setInt(2, f._2)  //计数

      //执行 SQL
      pst.executeUpdate()
      pst.close
      conn.close
    })
    sc.stop()
  }
}
```

(4) 运行程序将出现下面的错误，如图 2-10 所示。

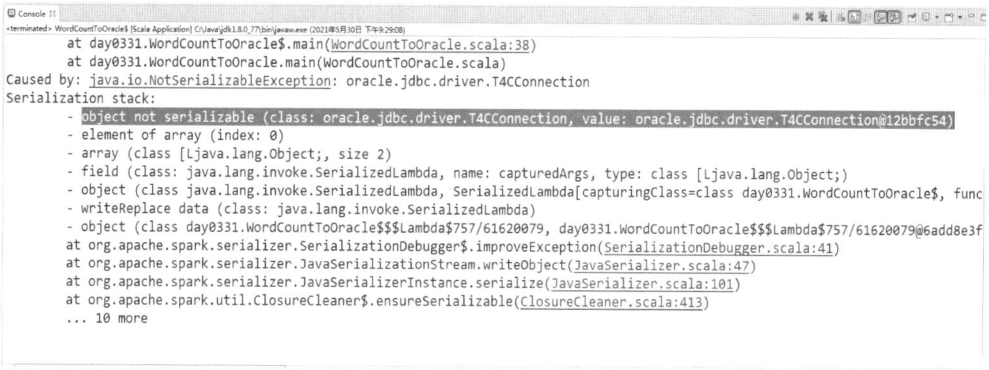

图 2-10　程序运行出错

💡 提示：为什么会出现这个错误呢？由于 Spark 的任务是在一个分布式环境中执行，而 JDBC 的 Connection 对象不是一个序列化对象，它就不能在一个分布式环境中的各个节点上传输。

(5) 改造一下之前的代码，将 Connection 对象和 Statement 放入 foreach 循环的内部，代码如下：

```
//将 RDD 结果保存到 MySQL
result.foreach(f => {
  //创建数据库连接和 SQL 运行环境的 Statement 对象
  //获取 MySQL 的 JDBC 的 Connection
  val conn:Connection = DriverManager
                  .getConnection("jdbc:mysql://localhost:3306/demo",
                                      "scott", "tiger")
  val pst:PreparedStatement = conn.prepareStatement
                              ("insert into wordcount values(?,?)")
  //把结果保存到 MySQL
  pst.setString(1, f._1)  //单词
  pst.setInt(2, f._2)  //计数
  //执行 SQL
  pst.executeUpdate()
  pst.close
  conn.close
})
```

💡 提示：这样的一段代码正常运行，并且得到正确的结果。但是不建议使用这样的方式。因为把 Connection 和 Statement 对象的创建放入了 foreach 循环的内部。假设这个 RDD 中有 1000 万条数据，每次循环的时候都需要创建 Connecton 和 Statement 对象，这就意味着需要创建 1000 万个这样的对象。这对于数据库来说就非常不合适。

(6) 开发 Spark 程序针对分区创建 Connecton 和 Statement 对象，完整的代码如下：

```
import org.apache.spark.SparkConf
import org.apache.spark.SparkContext
import org.apache.log4j.Logger
```

```scala
import org.apache.log4j.Level
import java.sql.DriverManager
import java.sql.Connection
import java.sql.PreparedStatement
object WordCountToMySQL {
  def main(args: Array[String]): Unit = {
    Logger.getLogger("org.apache.spark").setLevel(Level.ERROR)
    Logger.getLogger("org.eclipse.jetty.server").setLevel(Level.OFF)

    //创建一个 SparkContext 的对象，接收一个参数：SparkConf
    //本地模式
    val conf = new SparkConf().setAppName("WrodCountDemo").setMaster("local")
    val sc = new SparkContext(conf)

    //执行 WordCount
    val result = sc.textFile("hdfs://bigdata111:9000/input/data.txt")
      .flatMap(_.split(" ")).map((_, 1)).reduceByKey(_ + _)

    //针对分区将数据写入 MySQL
    //定义 JDBC 的相关的参数
    //注册驱动
    Class.forName("com.mysql.jdbc.Driver")
    //将 RDD 结果保存到 MySQL
    result.foreachPartition(saveToMySQL)
    sc.stop()
  }

  def saveToMySQL(its: Iterator[(String, Int)]) = {
    //调用该函数将分区中的数据写入
    Class.forName("com.mysql.jdbc.Driver")
    val conn: Connection = DriverManager.getConnection(
                      "jdbc:mysql://localhost:3306/demo",
                      "scott","tiger")
    val pst: PreparedStatement = conn
                      .prepareStatement("insert into wordcount
values(?,?)")

    //分区中的元素
    its.foreach(f => {
      pst.setString(1, f._1) //单词
      pst.setInt(2, f._2) //计数

      //执行 SQL
      pst.executeUpdate()

    })

    pst.close
    conn.close
  }
}
```

程序运行完成后，登录 MySQL 数据库查看得到的结果，如图 2-11 所示。

```
SQL> select * from wordcount;
WORD                    COUNT
----------------        ------
is                          1
China                       2
love                        2
capital                     1
I                           2
of                          1
Beijing                     2
the                         1

已选择8行。
SQL>
```

图 2-11　查看统计结果

任务三　电商平台商品销售数据的离线分析

【职业能力目标】

2.3 电商平台商品销售
数据的离线分析

通过本任务的学习，学生理解相关知识后，应达成以下能力目标。

(1)　对经过清洗的商品订单数据进行分析，并找到需要的数据信息。

(2)　根据数据分析的需求，能使用大数据离线计算引擎处理员工数据，以获取相关的商品销售订单的相关数据信息。

【任务描述与要求】

为了得到需要的数据，可以采用大数据离线计算引擎对清洗干净的数据进行分析和处理，由于数据是结构化数据也可以使用 SQL 语句进行分析处理。基于商品订单数据分析得到以下内容的数据。

(1)　查询所有订单中，每年的销售单数、销售总额。

(2)　求每年每种商品的销售总额，要求显示商品名称、年份、每年销售总额。

【知识储备】

一、大数据离线计算引擎 MapReduce

MapReduce 是一种分布式计算模型，用以进行大数据量的计算，它是一种离线计算处理模型。MapReduce 通过 Map 和 Reduce 两个阶段的划分，非常适合在大量计算机组成的分布式并行环境里进行数据处理。通过 MapReduce 既可以处理 HDFS 中的数据，也可以处理 HBase 中的数据。

二、大数据离线计算引擎 Spark Core

Spark Core 是 Spark 的核心部分，也是 Spark 执行引擎。我们在 Spark 中执行的所有计算都是由 Spark Core 完成，它是一种离线计算引擎。也就是说，Spark 中的所有计算都是离线计算，不存在真正的实时计算。Spark Core 提供了 SparkContext 访问接口用于提交执行 Spark 任务。通过该访问接口，我们既可以开发 Java 程序，也可以开发 Scala 程序来分析和处理数据。SparkContext 也是 Spark 中最重要的一个对象。

◉【任务计划与决策】

(1) 使用各种离线计算引擎完成数据的分析与处理。
(2) 能够使用 SQL 创建符合需求的库表结构，并进行数据的分析与处理。
(3) 能够将计算结果进行保存到指定数据库表或者存储系统中。

◉【任务实施】

一、需求 1 及其实现

本任务要实现的第 1 个需求是查询所有订单中，每年的销售单数、销售总额。

1. 开发 MapReduce 程序完成订单的处理

(1) 开发 Map 程序，代码如下：

```java
package projecttwo;

import java.io.IOException;

import org.apache.hadoop.io.DoubleWritable;
import org.apache.hadoop.io.IntWritable;
import org.apache.hadoop.io.LongWritable;
import org.apache.hadoop.io.Text;
import org.apache.hadoop.mapreduce.Mapper;

public class AnnualTotalMapper extends
Mapper<LongWritable, Text, IntWritable, DoubleWritable> {

    @Override
    protected void map(LongWritable key1, Text value1, Context context)
            throws IOException, InterruptedException {
        // 数据: 13,524,1998-01-20,2,999,1,1205.99
        String data = value1.toString();

        //分词
        String[] words = data.split(",");

        //输出: 年份    金额
        context.write(
new IntWritable(Integer.parseInt(words[2].substring(0,4))),
            new DoubleWritable(Double.parseDouble(words[6])));
    }
}
```

(2) 开发 Reduce 程序，代码如下：

```java
package projecttwo;
```

```
import java.io.IOException;

import org.apache.hadoop.io.DoubleWritable;
import org.apache.hadoop.io.IntWritable;
import org.apache.hadoop.io.Text;
import org.apache.hadoop.mapreduce.Reducer;

public class AnnualTotalReducer extends
Reducer<IntWritable, DoubleWritable, IntWritable, Text> {

    @Override
    protected void reduce(IntWritable k3,
Iterable<DoubleWritable> v3,Context context)
            throws IOException, InterruptedException {
        // 将同一年的金额和个数求和
        double totalCount = 0;
        double totalMoney = 0;

        for(DoubleWritable v:v3) {
            totalCount ++;
            totalMoney += v.get();
        }

        context.write(k3, new Text(totalCount+"\t"+totalMoney));
    }
}
```

(3) 开发 MapReduce 主程序，代码如下：

```
package projecttwo;

import org.apache.hadoop.conf.Configuration;
import org.apache.hadoop.fs.Path;
import org.apache.hadoop.io.DoubleWritable;
import org.apache.hadoop.io.IntWritable;
import org.apache.hadoop.io.Text;
import org.apache.hadoop.mapreduce.Job;
import org.apache.hadoop.mapreduce.lib.input.FileInputFormat;
import org.apache.hadoop.mapreduce.lib.output.FileOutputFormat;

public class AnnualTotalMain {

    public static void main(String[] args) throws Exception {
        Job job = Job.getInstance(new Configuration());
        job.setJarByClass(AnnualTotalMain.class);

        job.setMapperClass(AnnualTotalMapper.class);
        job.setMapOutputKeyClass(IntWritable.class);
        job.setMapOutputValueClass(DoubleWritable.class);

        job.setReducerClass(AnnualTotalReducer.class);
        job.setOutputKeyClass(IntWritable.class);
        job.setOutputValueClass(Text.class);

        FileInputFormat.setInputPaths(job, new Path(args[0]));
        FileOutputFormat.setOutputPath(job, new Path(args[1]));
```

```
        job.waitForCompletion(true);
    }
}
```

(4) 将 MapReduce 程序打包成 demo.jar，并执行。将输出的结果存放到 HDFS 的 /saleorder02 目录下，命令如下：

```
hadoop jar demo.jar /saleorder01 /saleorder02
```

(5) 查看清洗后的员工数据，命令如下：

```
hdfs dfs -cat /saleorder02/part-r-00000
```

输出的信息如下：

年份	销售单数	年销售总额
1998	178834.0	2.408391494998411E7
1999	247945.0	2.221994766001435E7
2000	232646.0	2.37655066200018E7
2001	259418.0	2.8136461979984347E7

2. 开发 Spark SQL 程序完成订单的处理

程序代码如下：

```
package projecttwo

import org.apache.spark.SparkConf
import org.apache.spark.SparkContext
import org.apache.spark.sql.SQLContext

object AnnualTotal {
 def main(args: Array[String]): Unit = {
  val conf = new SparkConf()
.setAppName("AnnualTotal")
.setMaster("local")
  val sc = new SparkContext(conf)
  val sqlContext = new SQLContext(sc)

  import sqlContext.implicits._

  //读入数据
  val myData = sc
.textFile("hdfs://bigdata111:9000/saleorder01/")
.map(line => {
    //处理该行数据，取出年份、金额
    val words = line.split(",")

    (Integer.parseInt(words(2).substring(0, 4)),
        java.lang.Double.parseDouble(words(6)))
  }
 ).map(d => OrderInfo(d._1,d._2)).toDF()

  /*
   * 这里得到的表结构如下：
   +--------+---------+-------+
   |col_name|data_type|comment|
   +--------+---------+-------+
```

```
  |    year|     int|   null|
  |  amount|     int|   null|
  +--------+---------+-------+
  */
  myData.createTempView("annualorder")

  sqlContext.sql("select year,count(amount),sum(amount)
from annualorder group by year").show()
  sc.stop()
 }
}
case class OrderInfo(year:Int,amount:Double)
```

运行 Spark SQL 程序输出的结果如图 2-12 所示。

```
+----+------------+--------------------+
|year|count(amount)|        sum(amount)|
+----+------------+--------------------+
|1998|      178834| 2.408391494998051E7|
|2001|      259418|2.8136461979984347E7|
|2000|      232646|2.3765506619993567E7|
|1999|      247945|2.2219947660012607E7|
+----+------------+--------------------+
```

图 2-12 Spark SQL 程序输出的结果

二、需求 2 及其实现

本任务要实现的第 2 个需求是求每年每种商品的销售总额，要求显示商品名称、年份、每年销售总额。

1. 上传至 HDFS 的/saleorder01 目录

由于该需求中需要得到商品的名称，因此首先需要将商品信息数据上传至 HDFS 的/saleorder01 目录下。

💡 提示：商品信息的信息数据一般不会变更，因此可以将其作为静态数据直接上传至 HDFS。

```
hdfs dfs -put products /saleorder01
```

2. 开发 MapReduce 程序完成订单的处理

(1) 开发 Map 程序，代码如下：

```
package projecttwo;

import java.io.IOException;

import org.apache.hadoop.io.IntWritable;
import org.apache.hadoop.io.LongWritable;
import org.apache.hadoop.io.Text;
import org.apache.hadoop.mapreduce.Mapper;
import org.apache.hadoop.mapreduce.lib.input.FileSplit;
//k2是商品ID     v2
public class ProductSalesMapper extends
Mapper<LongWritable, Text, IntWritable, Text> {
```

```
    @Override
    protected void map(LongWritable key1, Text value1, Context context)
            throws IOException, InterruptedException {
        //得到输入的文件名
        String path = ((FileSplit)context.getInputSplit()).
getPath().getName();
        String fileName = path.substring(path.lastIndexOf("/") + 1);

        //分词
        String[] words = value1.toString().split(",");

        if(fileName.equals("products")) {
    //商品表
//商品ID
            context.write(new IntWritable(Integer.parseInt(words[0])),
                    new Text("name:" + words[1])); //商品的名称
        }else {
            context.write(new IntWritable(Integer.parseInt(words[0])),
                    new Text(words[2]+":"+words[6]));
        }
    }
}
```

(2) 开发 Reduce 程序，代码如下：

```
package projecttwo;

import java.io.IOException;
import java.util.HashMap;
import java.util.Map;

import org.apache.hadoop.io.IntWritable;
import org.apache.hadoop.io.Text;
import org.apache.hadoop.mapreduce.Reducer;

//商品名称      结果
public class ProductSalesReducer extends
 Reducer<IntWritable, Text, Text, Text> {

    @Override
    protected void reduce(IntWritable k3, Iterable<Text> v3,
Context context)
            throws IOException, InterruptedException {
        //输出结果
        String productName = "";

        Map<Integer, Double> result = new HashMap<Integer, Double>();

        for(Text v:v3) {
            String str = v.toString();
            if(str.indexOf("name:") >= 0) {
                //商品表
                productName = str;
            }else {
                //订单的信息  time_id    amount
                //       words(2)   words(6)
```

```
//      1998-01-10 : 1232.16
                int year = Integer.parseInt(
str.substring(0, 4));
                double amount = Double.parseDouble(
str.substring(str.lastIndexOf(":")+1));

                if(result.containsKey(year)) {
                    //累加
                    result.put(year, result.get(year)+ amount);
                }else {
                    result.put(year,amount);
                }
            }
        }
        context.write(new Text(productName), new Text(result.toString()));
    }
}
```

(3) 开发 MapReduce 主程序, 代码如下:

```java
package projecttwo;

import java.io.IOException;

import org.apache.hadoop.conf.Configuration;
import org.apache.hadoop.fs.Path;
import org.apache.hadoop.io.DoubleWritable;
import org.apache.hadoop.io.IntWritable;
import org.apache.hadoop.io.Text;
import org.apache.hadoop.mapreduce.Job;
import org.apache.hadoop.mapreduce.lib.input.FileInputFormat;
import org.apache.hadoop.mapreduce.lib.output.FileOutputFormat;

public class ProductSalesMain {

    public static void main(String[] args) throws Exception {
        Job job = Job.getInstance(new Configuration());
        job.setJarByClass(ProductSalesMain.class);

        job.setMapperClass(ProductSalesMapper.class);
        job.setMapOutputKeyClass(IntWritable.class);
        job.setMapOutputValueClass(Text.class);

        job.setReducerClass(ProductSalesReducer.class);
        job.setOutputKeyClass(Text.class);
        job.setOutputValueClass(Text.class);

        FileInputFormat.setInputPaths(job, new Path(args[0]));
        FileOutputFormat.setOutputPath(job, new Path(args[1]));

        job.waitForCompletion(true);
    }
}
```

(4) 将 MapReduce 程序打包成 demo.jar 并执行。输入路径为清洗干净的数据目录

/saleorder01，将输出的结果存放到 HDFS 的/saleorder03 目录，命令如下：

```
hadoop jar demo.jar /saleorder01 /saleorder03
```

(5) 查看分析处理后的结果，如图 2-13 所示。

```
5MP Telephoto Digital Camera    {2000=2128961.350000002, 2001=2205836.659999986, 1998=936197.529
17" LCD w/built-in HDTV Tuner   {2000=930537.1500000068, 2001=1874621.9599999986, 1998=2733887.4
Envoy 256MB - 40GB      {2000=758428.6899999911, 2001=2230713.3900000085, 1998=1368317.879999989
Y Box   {2000=604389.7799999866, 2001=1205027.3499999733, 1998=11.99, 1999=272901.1799999997}
```

图 2-13 查看分析处理结果

3. 开发 Spark SQL 程序完成订单的处理

程序代码如下：

```
package projecttwo

import org.apache.spark.SparkConf
import org.apache.spark.SparkContext
import org.apache.spark.sql.SQLContext
import org.apache.log4j.Logger
import org.apache.log4j.Level


object ProductSalesInfo {
  def main(args: Array[String]): Unit = {
    //Logger.getLogger("org.apache.spark").setLevel(Level.ERROR)
    Logger.getLogger("org").setLevel(Level.ERROR)

    val conf = new SparkConf()
.setAppName("ProductSalesInfo")
.setMaster("local")
    val sc = new SparkContext(conf)
    val sqlContext = new SQLContext(sc)

    import sqlContext.implicits._

    //取出商品数据
    val productInfo = sc
.textFile("hdfs://bigdata111:9000/products")
.map(line=>{val words = line.split(",")

        //返回：商品 ID、商品名称
        (Integer.parseInt(words(0)),words(1))
      }
    ).map(d=>Product(d._1,d._2))
     .toDF()

    //取出销售订单数据
    val orderInfo = sc
.textFile("hdfs://bigdata111:9000/saleorder01/")
.map(line => {
        //处理该行数据，取出商品 ID、年份、金额
        val words = line.split(",")
```

```
        (Integer.parseInt(words(0)),        //商品 ID
        Integer.parseInt(words(2).substring(0, 4)),  //年份
        java.lang.Double.parseDouble(words(6)))  //金额
        }
).map(d=>SaleOrder(d._1,d._2,d._3))
  .toDF()


    //注册成表
    productInfo.createOrReplaceTempView("product")
    orderInfo.createOrReplaceTempView("salesorder")

    //执行查询，得到第一步的结果
    val result = sqlContext.sql("select prod_name,year_id,sum(amount) from
product,salesorder where product.prod_id=salesorder.prod_id group by
prod_name,year_id order by 1").toDF("prod_name","year_id","total")
    result.createOrReplaceTempView("result")

    //第二步：将列值转成列名
    val finalResult = sqlContext.sql("select prod_name,sum(case year_id when
1998 then total else 0 end),sum(case year_id when 1999 then total else 0
end),sum(case year_id when 2000 then total else 0 end),sum(case year_id when
2001 then total else 0 end) from result group by
prod_name").toDF("prod_name","1998","1999","2000","2001")
    finalResult.show()

    sc.stop()
  }
}

//商品信息
case class Product(prod_id:Int,prod_name:String)

//订单信息
case class SaleOrder(prod_id:Int,year_id:Int,amount:Double)
```

运行 Spark SQL 程序输出的结果如图 2-14 所示。

```
+--------------------+-----------------+-----------------+-----------------+-----------------+
|           prod_name|             1998|             1999|             2000|             2001|
+--------------------+-----------------+-----------------+-----------------+-----------------+
|1.44MB External 3...|64464.829999994974|  64059.38999999575|   70407.0899999999| 20687.16000000011|
|     128MB Memory Card|              0.0|112093.27999999835|227405.1600000255| 231835.3100000014|
|17" LCD w/built-i...|2733887.4300000803|1650125.2299999804|  930537.1499999902|1874621.9599999867|
|18" Flat Panel Gr...|1535187.4399999832|  891586.5500000064|1755049.8499999912|1316903.9699999958|
|     256MB Memory Card|              0.0|136462.61999999837|135986.97999999797| 319255.0600000008|
|3 1/2" Bulk diske...|290122.4899999945| 171613.2700000071|  74381.55000000069| 88216.04000000129|
|5MP Telephoto Dig...|936197.5299999958|1041272.8600000052|2128961.3500000304|2205836.6600000025|
|      64MB Memory Card|8989.830000000007|2822.7599999999984|16120.740000000058|              0.0|
|8.3 Minitower Spe...|578374.6199999949| 226982.07000000007| 1936623.969999974|1103406.7199999993|
|Adventures with N...|35771.66000000094| 41459.760000000017|  44832.20999999867| 53500.29000000013|
|              Bounce|              0.0|  51241.4700000011|  89730.93999999753| 103623.2399999957|
|                 CD-R|40338.170000000246|  42709.61000000094| 44657.100000000835| 42565.25000000133|
|     CD-R Mini Discs|91540.87999999762|  97693.5800000032|105875.73999999522| 89443.42000000119|
|CD-R with Jewel C...|39241.120000000716|47838.750000001586|  42805.30000000186| 40520.59000000217|
|                CD-RW|67128.07000000181| 91363.21000000139| 98015.32000000135| 80195.16000000101|
|     Comic Book Heroes|              0.0|32296.22999999957| 32592.310000000307| 36326.06000000073|
|DVD-R Disc with J...|27333.370000000446| 47654.81999999907| 242031.1699999959|260401.26000000094|
|     DVD-R Discs|163865.43000000273| 211207.9199999957|209852.90000000392| 319610.9499999741|
|     DVD-RAM Jewel Case|              0.0|40372.41999999968|43167.620000001145| 36855.76999999886|
|     DVD-RW Discs|           624.82|106440.58000000835|  93274.7599999974|111696.37999999386|
+--------------------+-----------------+-----------------+-----------------+-----------------+
only showing top 20 rows
```

图 2-14　Spark SQL 程序输出的结果

◎【任务检查与评价】

完成任务实施后，进行任务检查与评价，任务检查评价表如表 2-5 所示。

表 2-5   任务检查评价表

项目名称	企业人力资源员工数据的离线分析			
任务名称	准备项目数据与环境			
评价方式	可采用自评、互评、教师评价等方式			
说　　明	主要评价学生在项目学习过程中的操作技能、理论知识、学习态度、课堂表现、学习能力等			
评价内容与评价标准				
序号	评价内容	评价标准	分值	得分
1	知识运用(20%)	掌握相关理论知识，理解本次任务要求，制订详细计划，计划条理清晰，逻辑正确(20 分)	20 分	
		理解相关理论知识，能根据本次任务要求制订合理计划(15 分)		
		了解相关理论知识，并制订了计划(10 分)		
		没有制订计划(0 分)		
2	专业技能(40%)	结果验证全部满足(40 分)	40 分	
		结果验证只有一个功能不能实现，其他功能全部实现(30 分)		
		结果验证只有一个功能实现，其他功能全部没有实现(20 分)		
		结果验证所有功能均未实现(0 分)		
3	核心素养(20%)	具有良好的自主学习能力、分析解决问题的能力，整个任务过程中指导过他人(20 分)	20 分	
		具有较好的学习能力和分析解决问题的能力，任务过程中没有指导他人(15 分)		
		能够主动学习并收集信息，有请求他人帮助解决问题的能力(10 分)		
		不主动学习(0 分)		
4	课堂纪律(20%)	设备无损坏，无干扰课堂秩序言行(20 分)	20 分	
		无干扰课堂秩序言行(10 分)		
		有干扰课堂秩序言行(0 分)		

◎【任务小结】

任务三的思维导图如图 2-15 所示。

图 2-15   任务三的思维导图

在本次任务中，学生需要使用 MapReduce 程序和 Spark SQL 程序完成对员工数据的分析处理工作，并将结果保存到 HDFS 中。通过该任务，学生可以了解 MapReduce 程序和 Spark SQL 程序的执行过程，并使用 Java 语言和 Scala 语言开发对应的处理程序。

【任务拓展】

基于本项目的业务场景和原始数据，请尝试实现以下功能：使用 Flink DataSet 和 Flink SQL 完成数据的清洗。

项目三

网站用户访问实时 Hot IP 分析

电商网站运营中，需要分析网站访问排名前 N 的 IP，主要用来审计是否有异常 IP，同时对网站运营情况进行分析。图 3-1 所示为项目三的整体架构。

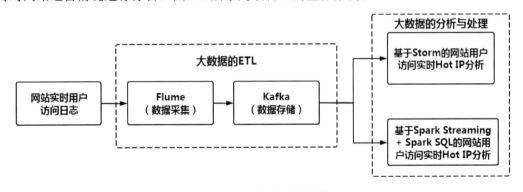

图 3-1　项目三的整体结构

任务一 网站用户点击日志数据的获取

3.1 网站用户点击
日志数据的获取

◉【职业能力目标】

通过本任务的教学,学生理解相关知识后,应达成以下能力目标。

(1) 根据存储系统的导入方式,能将采集的网站用户点击日志数据进行过滤优化,实现高效存储。

(2) 根据采集脚本及数据过滤需求,能使用 Flume 模拟完成从用户点击日志中采集数据,并将其存入 Kafka 消息系统。

◉【任务描述与要求】

在网站的运营管理中,需要通过对网站的用户点击数据进行分析,从而了解用户访问网站的情况。如分析访问排名前 N 的 IP。本任务为该项目的前置任务,将完成数据的采集工作。

(1) 安装和配置 Flume。

(2) 使用 Flume 完成用户网站点击日志的采集,并存入 Kafka。

◉【知识储备】

一、日志采集框架 Flume

Apache Flume 支持采集各类数据发送方产生的日志信息,并且可以将采集到的日志信息写到各种数据接收方。其核心是把数据从数据源(Source)收集过来,在将收集到的数据送到指定的目的地(Sink)。为了保证输送的过程一定成功,在送到目的地(Sink)之前,先缓存数据(Channel),待数据真正到达目的地(Sink)后,Flume 再删除自己缓存的数据。

Flume 分布式系统中核心的角色是 Agent。Agent 本身是一个 Java 进程,一般运行在日志收集节点。Flume 采集系统就是由一个个 Agent 所连接起来形成。每一个 Agent 相当于一个数据传递员,内部有三个组件。

(1) Source。采集源,用于跟数据源对接,以获取数据。

(2) Sink。下沉地,采集数据的传送目的,用于往下一级 agent 传递数据或者往最终存储系统传递数据。

(3) Channel。agent 内部的数据传输通道,用于从 source 将数据传递到 sink。

在整个数据的传输过程中,流动的是 Event,它是 Flume 内部数据传输的最基本单元。Event 将传输的数据进行封装。如果是文本文件,通常是一行记录,Event 也是事务的基本单位。Event 从 Source,流向 Channel,再到 Sink,本身为一个字节数组,并可携带 headers 的头信息。Event 代表着一个数据的最小完整单元,从外部数据源来,向外部的目的地去。一个完整的 Event 包括:event headers、event body、event 信息,其中 Event 信息就是 Flume 收集到的日记记录。

图 3-2 所示为 Flume 的体系架构。

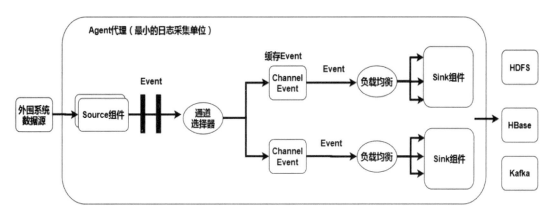

图 3-2 Flume 的体系架构

1. Flume 的 Source 组件

Source 组件主要用于采集外围系统的数据，如日志信息等。表 3-1 所示为一些常见的 Source 组件类型。

表 3-1 常见的 Source 组件类型

Avro Source	这种类型的 Source 监听 Avro 端口，从 Avro 客户端接收 Events Avro 是一个数据序列化系统，设计用于支持大批量数据交换的应用
Thrift Source	Thrift Source 与 Avro Source 基本一致。Thrift 是一种 RPC 常用的通信协议，它可以定义 RPC 方法和数据结构，用于生成不同语言的客户端代码和服务端代码
Exec Source	Exec Source 的配置就是设定一个 Unix(Linux)命令，然后通过这个命令不断输出数据
JMS Source	从 JMS(Java 消息服务)系统中读取数据
Spooling Directory Source	该类型的 Source 监测配置的目录下新增的文件，并将文件中的数据读取出来
Kafka Source	接收 Kafka 发送来的消息数据。这种类型的 Source 将作为 Kafka 的消费者使用
NetCat TCP Source NetCat UDP Source	NetCat 是一个非常简单的 Unix 工具，可以读、写 TCP 或 UDP 网络连接中数据。在 Flume 中的 NetCat 支持 Flume 与 NetCat 整合，Flume 可以使用 NetCat 读取网络中的数据
HTTP Source	对于有些应用程序环境，它可能不能部署 Flume ，此时可以使用 Http Source 可以用来将数据接收到 Flume 中。Http Source 可以通过 Http Post 接收 Event
Custom Source	Flume 允许开发人员自定义 Source

2. Flume 的 Channel 组件

Chanel 组件主要用于缓存 Source 组件采集到的数据信息。表 3-2 所示为一些常见的 Channel 组件类型。

表 3-2　常见的 Channel 组件类型

Memory Channel	将 Source 接收到的 Event 保存在 Java Heap 的内置中，如果允许数据小量丢失，推荐使用
JDBC Channel	将 Source 接收到的 Events 存储在持久化存储库中，即存储在数据库中。这是一个支持持久化的 Channel，对于可恢复性非常重要的流程来说是理想的选择
Kafka Channel	将 Source 接收到的 Events 存储在 Kafka 消息系统的集群中，Events 能及时被其他 Flume 的 Sink 使用
File Channel	类似 JDBC Channel，区别是将 Source 接收到的 Events 存储在文件系统中心
Spillable Memory Channel	将 Source 接收到的 Events 存储在内存队列和磁盘中，该 Channel 目前正在试验中，不建议在生产环境中使用
Pseudo Transaction Channel	Pseudo Transaction Channel 只用于单元测试，不用于生产环境使用
Custom Channel	Flume 允许开发人员自定义 Channel

3. Flume 的 Sink 组件

Sink 组件主要用于将 Channel 组件缓存的数据信息写到外部的持久化存储介质上，如 HDFS、HBase、Kafka 等系统。表 3-3 所示为一些常见的 Sink 组件类型。

表 3-3　常见的 Sink 组件类型

HDFS Sink	此 Sink 将事件写入 Hadoop 分布式文件系统 HDFS 中，它支持创建文本文件和序列化文件，对这两种格式都支持压缩
Hive Sink	该类型的Sink将包含分割文本或者JSON数据的Events直接传送到 Hive 表或分区中，当一系列 Events 提交到 Hive 时，它们马上可以被 Hive 查询到
Logger Sink	记录指定级别的日志，通常用于调试
Avro Sink	和 Avro Source 配置使用，是实现复杂流动的基础
Thrift Sink	该类型的 Sink 将 Event 转换为 Thrift Events，从配置好的 Channel 中批量获取 Events 数据，并发送到配置好的主机地址上
IRC Sink	IRC Sink 从 Channel 中获取 Event 消息，并推送 Event 消息到配置好的 IRC 目的地。IRC 是 Intenet Relay Chat 的英文缩写，是一种互联网中继聊天的协议
File Roll Sink	在本地文件系统中存储事件，每隔指定时长生成文件，并保存这段时间内收集到的日志信息
Null Sink	这种类型的 Sink 将直接丢弃 Channel 中接收到的所有 Events
HBa se Sinks	通过 HBase Sink 可以将 Channel 中的 Event 写到 HBase 中
ElasticSearch Sink	通过 ElasticSearch Sink 可以将 Channel 中的 Event 写到 ElasticSearch 搜索引擎中
Kafka Sink	Flume Sink 实现可以将 Channel 中的 Event 数据导出数据到一个 Kafka Topic 中，这时候 Kafka Sink 将作为 Kafka 集群消息的生产者 Producer 使用
HTTP Sink	该类型的 Sink 将会从 Channel 获取 Events 数据，并使用 Http 协议的 Post 请求将这些 Event 数据发送到远端的 Http Server 上，Event 的数据内容将作为 Post 请求的 body 发送
Custorn Sink	如果以上内置的 Sink 都不能满足需求，Flume 允许开发人员自己开发 Sink

二、消息系统 Kafka

Kafka 是由 Apache 软件基金会开发的一个开源流处理平台，由 Scala 和 Java 编写。Kafka 是一种高吞吐量的分布式发布订阅消息系统，它可以处理消费者在网站中的所有动作流数据。Kafka 的诞生是为了解决 LinkedIn 的数据管道问题。起初 LinkedIn 采用 Active MQ 进行数据交换，2010 年前后，Active MQ 远远无法满足 LinkedIn 对数据传递系统的要求，经常由于各种缺陷导致消息阻塞或服务无法正常访问，为了解决这个问题，LinkedIn 决定研发自己的消息传递系统。当时 LinkedIn 的首席架构师 Jay Kreps 组织团队进行消息传递系统的研发，进而有了现在的 Kafka 消息系统。

1. Kafka 的体系架构

一个典型的 Kafka 消息系统的集群架构如图 3-3 所示。

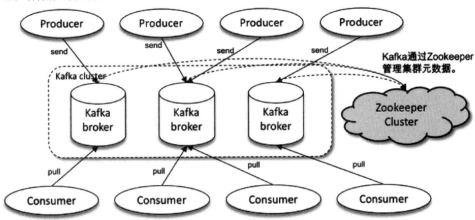

图 3-3　典型的 Kafka 消息系统的集群架构

Kafka 消息系统是一个典型的分布式系统，具体由以下几项构成。

(1) Broker(消息服务器)：Kafka 集群包含一个或多个服务器，这种服务器被称为 Broker。

(2) Topic(主题)：每条发布到 Kafka 集群的消息都有一个类别，这个类别被称为 Topic(可以理解为队列 queue 或者目录)。物理上不同 Topic 的消息分开存储，逻辑上一个 Topic 的消息虽然保存于一个或多个 broker 上，但用户只需指定消息的 Topic 即可生产或消费数据而不必关心数据存于何处。

(3) Partition(分区)：Partition 是物理上的概念(可以理解为文件夹)，每个 Topic 包含一个或多个 Partition，即同一个分区可能存在多个副本。

(4) Producer(消息的生产者)：它负责发布消息到 Kafka broker。

(5) Consumer(消息的消费者)：它向 Kafka broker 读取消息的客户端。

(6) Consumer Group(消费者组)：每个 Consumer 属于一个特定的 Consumer Group(可为每个 Consumer 指定 group name，若不指定 group name 则属于默认的 group)。

2. Kafka 的消息服务器 Broker

Broker 是消息的代理,Producers 往 Brokers 中指定的 Topic 中写消息,Consumers 从 Brokers 里面提取指定 Topic 的消息,然后进行业务处理,Broker 在中间起到一个代理保存消息的中转站。

另外,Broker 没有副本机制,一旦 Broker 宕机,该 Broker 的消息将都不可用。消费者可以回溯到任意位置重新从 Broker 中消费消息,当消费者发生故障时,可以选择最小的 offset(id)进行重新消费消息。

3. Kafka 的主题、分区与副本

Kafka 中的消息以主题为单位进行归类,生产者负责将消息发送到特定的主题,而消费者负责订阅主题进行消费;主题可以分为多个分区,一个分区只属于单个主题。下面为大家列举一下主题和分区的关系。

(1) 同一主题下的不同分区包含的消息不同(即发送给主题的消息具体是发送到某一个分区)。

(2) 消息被追加到分区日志文件的时候,会分配一个特定的偏移量(offset),offset 是消息在分区中的唯一标识,Kafka 通过它来保证消息在分区的顺序性。

(3) offset 不跨分区,也就是说 Kafka 保证的是分区有序而不是主题有序。

图 3-4 所示为主题与分区之间的关系。

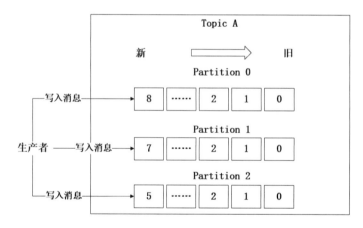

图 3-4　主题与分区之间的关系

在这个例子中,Topic A 有 3 个分区。消息由生产者顺序追加到每个分区日志文件的尾部。Kafka 中的分区可以分布在不同的 Kafka Broker 上,从而支持负载均衡和容错的功能。也就是说,Topic 是一个逻辑单位,它可以横跨在多个 Broker 上。

介绍主题和分区,再来介绍一下副本。在 Kafka 中每个主题可以有多个分区,每个分区又可以有多个副本。这多个副本中,只有一个是 leader,而其他都是 follower 副本。仅有 leader 副本可以对外提供服务。多个 follower 副本通常存放在和 leader 副本不同的 broker 中。通过这样的机制实现了高可用,当某台机器挂掉后,其他 follower 副本也能迅速"转正",开始对外提供服务。这就是前文提到的 Kafka 的容错功能,如图 3-5 所示。

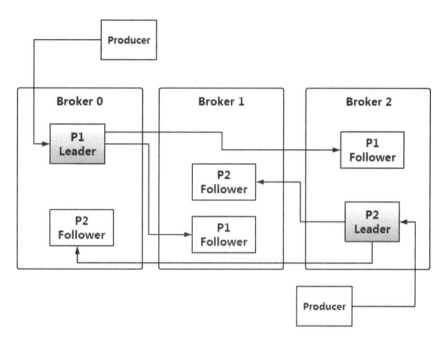

图 3-5 Kafka 的容错

在图 3-5 中,我们创建一个 Topic,这个 Topic 由两个分区组成,即 P1 和 P2。我们可以看出,每个分区的副本为 3,即每个分区有三个副本。通过前文的介绍,每个分区中都将有 Leader 副本负责对外提供服务。

4. Kafka 的生产者

Producer(生产者)将消息序列化之后,发送到对应 Topic 的指定分区上面。整个生产者客户端由两个线程协调运行,这两个线程分别为主线程和 Sender 线程(发送线程)。生产者有三种方式发送消息。实际上,生产者发送的动作都是一致的,不由使用者决定。这三种方式区别在于对于消息是否正常到达的处理。生产者的三种消息发送方式如下。

(1) fire-and-forget:把消息发送给 broker 之后不关心其是否正常到达。大多数情况下,消息会正常到达,即使出错了生产者也会自动重试。但是如果出错了,对于我们的服务而言,是无感知的。这种适用于可丢失消息、对吞吐量要求大的场景,比如用户点击日志上报。

(2) 同步发送:我们使用 send 方法发送一条消息,它会返回一个 Future,调用 get 方法可以阻塞住当前线程,等待返回。这种适用对消息可靠性要求高的场景,比如支付,要求消息不可丢失,如果丢失了则阻断业务(或回滚)。

(3) 异步发送:使用 send 方法发送一条消息时指定回调函数,在 broker 返回结果时调用。这个回调函数可以进行错误日志的记录,或者重试。这种方式牺牲了一部分可靠性,但是吞吐量会比同步发送高很多。但是我们可以通过后续的补偿操作弥补业务。

图 3-6 所示为生产者的执行过程。

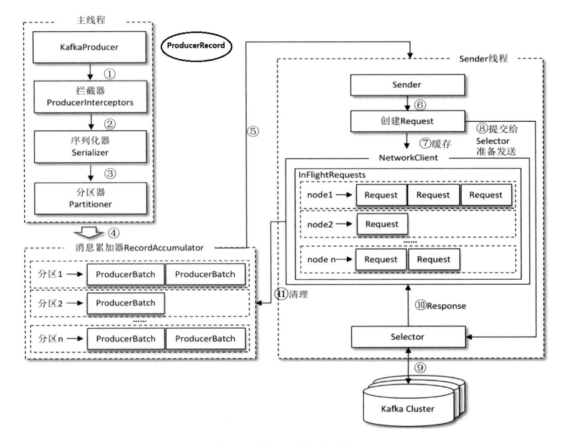

图 3-6　生产者的执行过程

5. Kafka 的消费者与消费者组

什么是消费者？顾名思义，消费者就是从 Kafka 集群消费数据的客户端，展示了一个消费者从一个 topic 中消费数据的模型。单个消费者模型如图 3-7 所示。

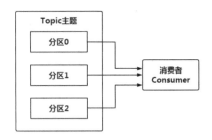

图 3-7　单个消费者模型

但是，单个消费者模型存在一些问题。如果 Kafka 上游生产的数据很快，超过了单个消费者的消费速度，就会导致数据堆积，那如何去解决这样的问题呢？我们只能增强消费者的消费能力，也就有了我们下面要介绍的消费者组。

所谓消费者组，其实就是一组消费者的集合。消费者是以消费者组(Consumer Group)的方式工作,即一个消费者组由一个或者多个消费者组成,它们共同消费一个 Topic 中的消息。在同一个时间点上,Topic 中的分区,只能由一个组中的一个消费者进行消费,而同一个分区可以由不同组中的消费者进行消费,如图 3-8 所示。

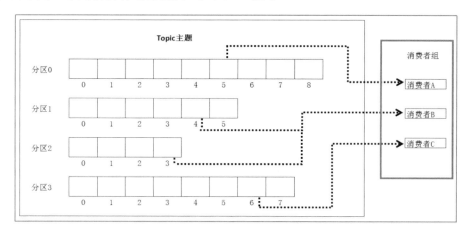

图 3-8 分区与消息者

【任务计划与决策】

数据观察可以帮助我们了解数据的分布情况,这样可以根据需要使用 Flume 进行实时点击日志的数据采集。而采集到的数据可能存在空值或者错误等情况,因此还需要对数据进行打印,观察采集到的数据存在什么问题,并针对这些问题进行相应的处理。

表 3-4 所示为网站用户单击数据中包含的内容。需要分析其中的内容得到网站的 Hot IP 信息。

表 3-4 网站用户单击数据中包含的内容

列 名	描 述	数据类型	空/非空	约束条件
user_id	用户 ID	varchar(18)	Not null	
user_ip	用户 IP	varchar(20)	Not null	
url	用户点击 URL	varchar(200)		
click_time	用户点击时间	varchar(40)		
action_type	动作名称	varchar(40)		
area_id	地区 ID	varchar(40)		

表 3-5 所示为分析的结果中包含的内容,即网站的 Hot IP 信息。

表 3-5 分析的结果中包含的内容

列 名	描 述	数据类型	空/非空	约束条件
ip	IP	varchar(18)	Not null	
pv	访问量	varchar(200)		

根据所学相关知识，请制订完成本次任务的实施计划。

【任务实施】

一、安装和配置 Flume

(1) 将 Flume 的安装包解压到/root/training/目录下，命令如下：

```
tar -zxvf apache-flume-1.9.0-bin.tar.gz -C /root/training/
```

(2) 重命名解压缩的文件夹为 Flume，方便以后更新维护，命令如下：

```
cd /root/training
mv apache-flume-1.9.0-bin/ flume/
```

(3) 进入 Flume 下的 conf 文件夹，将文件 flume-env.sh.template 重命名为 flume-env.sh，命令如下：

```
cd /root/training/flume/conf/
mv flume-env.sh.template flume-env.sh
```

(4) 修改 flume-env.sh 中的 JAVA HOME 配置参数，命令如下：

```
export JAVA_HOME=/root/training/jdk1.8.0_181
```

(5) 保存并退出，然后验证 Flume 的版本，命令如下：

```
cd /root/training/flume
bin/flume-ng version
```

(6) 图 3-9 所示了 Flume 配置完成后的版本信息。

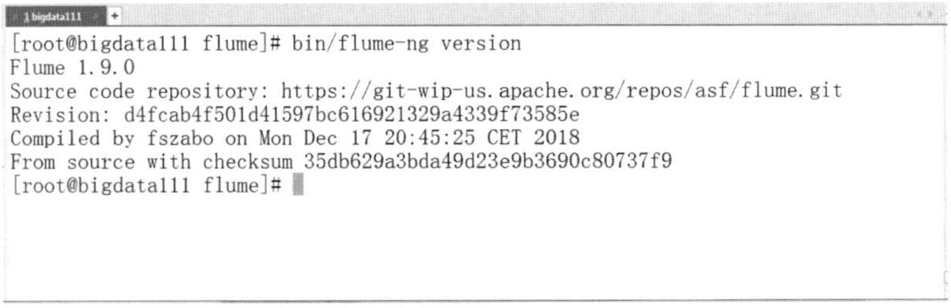

```
[root@bigdata111 flume]# bin/flume-ng version
Flume 1.9.0
Source code repository: https://git-wip-us.apache.org/repos/asf/flume.git
Revision: d4fcab4f501d41597bc616921329a4339f73585e
Compiled by fszabo on Mon Dec 17 20:45:25 CET 2018
From source with checksum 35db629a3bda49d23e9b3690c80737f9
[root@bigdata111 flume]#
```

图 3-9 Flume 的版本信息

(7) 在/root/training/flume/conf/目录下创建日志数据采集的 Agent 配置文件 myagent.conf，并输入如下内容：

```
#定义myagent名，source、channel、sink 的名称
myagent.sources = r1
myagent.channels = c1
myagent.sinks = k1

#具体定义source
myagent.sources.r1.type = spooldir
myagent.sources.r1.spoolDir = /root/logs

#具体定义channel
```

```
myagent.channels.c1.type = memory
myagent.channels.c1.capacity = 10000
myagent.channels.c1.transactionCapacity = 100

#设置 Kafka 接收器
myagent.sinks.k1.type= org.apache.flume.sink.kafka.KafkaSink

#设置 Kafka 的 broker 地址和端口号
myagent.sinks.k1.brokerList=127.0.0.1:9092

#设置 Kafka 的 Topic
myagent.sinks.k1.topic=mytopic

#设置序列化方式
myagent.sinks.k1.serializer.class=kafka.serializer.StringEncoder

#组装 source、channel、sink
myagent.sources.r1.channels = c1
myagent.sinks.k1.channel = c1
```

二、配置消息系统 Kafka

💡 **提示**：由于我们已经完成了 Kafka 集群的搭建。我们来进行一个简单的测试，我们将创建一个 Topic 主题，并使用 Kafka 提供的命令工具来发送消息和接收消息。

(1) 创建一个名叫"mytopic"的主题，命令如下：

```
bin/kafka-topics.sh --create --zookeeper localhost:2181 \
--replication-factor 1 --partitions 3 --topic mytopic
```

其中：

--zookeeper：用于指定 ZooKeeper 的地址，如果是多个 ZooKeeper 地址可以使用逗号分隔。

--replication-factor：用于指定分区的副本数。这里我们设置的副本数为 1，表示同一个分区有一个副本。

--partitions：用于指定该 Topic 包含的分区数。这里我们设置的分区数为 3，表示该 topic 由三个分区组成。

--topic：用于指定 Topic 的名字。

(2) 使用下面的命令启动 Producer 来发送消息。

```
bin/kafka-console-producer.sh --broker-list localhost:9092 \
--topic mytopic
```

(3) 使用下面的命令启动 Consumer 接收消息。由于 Kafka 支持的是 topic 广播类型的消息，我们可以多启动几个 Consumer，如图 3-10 所示，命令如下：

```
bin/kafka-console-consumer.sh --bootstrap-server localhost:9092 \
 --topic mytopic
```

(4) 下面为大家列出一些特殊方式的接收命令。

① 从开始位置消费,命令如下:

```
bin/kafka-console-consumer.sh --bootstrap-server localhost:9092 \
--from-beginning --topic mytopic
```

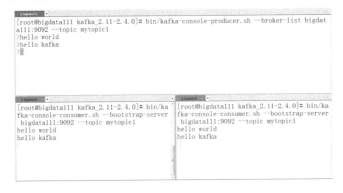

图 3-10　Kafka 的消息发布与订阅

② 显示 key 消费,命令如下:

```
bin/kafka-console-consumer.sh --bootstrap-server localhost:9092 \
--property print.key=true --topic mytopic
```

三、集成 Flume 和 Kafka 完成网站用户点击日志的采集

(1) 创建目录用于存储网站用户点击的日志数据,命令如下:

```
mkdir /root/logs
```

(2) 启动 Flume,命令如下:

```
cd /root/training/flume
bin/flume-ng agent -n myagent -f conf/myagent.conf \
-c conf -Dflume.root.logger=INFO,console
```

💡 提示:Flume 成功启动后,将输出下面的信息。

```
Kafka version : 2.0.1
Kafka commitId : fa14705e51bd2ce5
Monitored counter group for type: SINK, name: k1: Successfully registered
new MBean.
Component type: SINK, name: k1 started
```

(3) 启动 Kafka 的消费者客户端,命令如下:

```
bin/kafka-console-consumer.sh --bootstrap-server localhost:9092 \
 --topic mytopic
```

(4) 将用户点击的日志文件 userclicklog.txt 多复制几份到/root/logs/目录下,用于模拟网站产生的用户点击日志,命令如下:

```
cp userclicklog.txt /root/logs/1.log
cp userclicklog.txt /root/logs/2.log
cp userclicklog.txt /root/logs/3.log
cp userclicklog.txt /root/logs/4.log
cp userclicklog.txt /root/logs/5.log
```

(5) 观察 Kafka 的消费者客户端的输出信息如下：

```
[root@myvm kafka]# bin/kafka-console-consumer.sh --bootstrap-server \
localhost:9092  --topic mytopic

3,201.105.101.105,http://mystore.jsp/?productid=3,2017020023,1,1
1,201.105.101.102,http://mystore.jsp/?productid=1,2017020029,2,1
1,201.105.101.102,http://mystore.jsp/?productid=1,2017020020,1,1
4,201.105.101.107,http://mystore.jsp/?productid=1,2017020025,1,1
2,201.105.101.103,http://mystore.jsp/?productid=2,2017020022,1,1
1,201.105.101.102,http://mystore.jsp/?productid=4,2017020021,3,1
2,201.105.101.103,http://mystore.jsp/?productid=2,2017020022,1,1
1,201.105.101.102,http://mystore.jsp/?productid=4,2017020021,3,1
3,201.105.101.105,http://mystore.jsp/?productid=3,2017020023,1,1
1,201.105.101.102,http://mystore.jsp/?productid=1,2017020029,2,1
1,201.105.101.102,http://mystore.jsp/?productid=1,2017020020,1,1
4,201.105.101.107,http://mystore.jsp/?productid=1,2017020025,1,1
```

(6) Kafka 输出信息如图 3-11 所示。

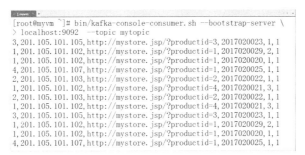

图 3-11 Kafka 的输出结果

【任务检查与评价】

完成任务实施后，进行任务检查与评价，任务检查评价表如表 3-6 所示。

表 3-6 任务检查评价表

项目名称	企业人力资源员工数据的离线分析			
任务名称	准备项目数据与环境			
评价方式	可采用自评、互评、教师评价等方式			
说　　明	主要评价学生在项目学习过程中的操作技能、理论知识、学习态度、课堂表现、学习能力等			
评价内容与评价标准				
序号	评价内容	评价标准	分值	得分
1	知识运用 (20%)	掌握相关理论知识，理解本次任务要求，制订详细计划，计划条理清晰，逻辑正确(20 分)	20 分	
		理解相关理论知识，能根据本次任务要求制订合理计划(15 分)		
		了解相关理论知识，并制订了计划(10 分)		
		没有制订计划(0 分)		

续表

序号	评价内容	评价标准	分值	得分
2	专业技能 (40%)	结果验证全部满足(40 分)	40 分	
		结果验证只有一个功能不能实现,其他功能全部实现(30 分)		
		结果验证只有一个功能实现,其他功能全部没有实现(20 分)		
		结果验证所有功能均未实现(0 分)		
3	核心素养 (20%)	具有良好的自主学习能力、分析解决问题的能力,整个任务 过程中指导过他人(20 分)	20 分	
		具有较好的学习能力和分析解决问题的能力,任务过程中没 有指导他人(15 分)		
		能够主动学习并收集信息,有请求他人帮助解决问题的能力 (10 分)		
		不主动学习(0 分)		
4	课堂纪律 (20%)	设备无损坏,无干扰课堂秩序言行(20 分)	20 分	
		无干扰课堂秩序言行(10 分)		
		有干扰课堂秩序言行(0 分)		

【任务小结】

任务一的思维导图如图 3-12 所示。

图 3-12　任务一的思维导图

在本次任务中,学生需要模拟使用文本数据来代表网站用户的点击数据,并使用 Flume 进行数据的采集,最后将采集到的数据保存到消息系统 Kafka 中。通过该任务,学生可以了解 Flume 的使用方法以及完成的数据采集流程,并掌握 Flume 的操作方法与 Kafka 的使用。

【任务拓展】

在本任务中,Flume 作为 Kafka 的消息生产者将采集到的消息数据存入 Kafka 中。利用 Kafka 提供的 API 也可以开发自己的消息生产者和消费者。本小节将基于 Kafka 提供的 API 来开发 Java 版本和 Scala 版本的消息生产者和消费者。

通过搭建 Maven 的工程来开发对应的应用程序,以下是我们需要在 Maven 的 pom.xml

文件中添加的依赖。

```
<dependency>
    <groupId>org.apache.kafka</groupId>
    <artifactId>kafka-clients</artifactId>
    <version>2.4.0</version>
</dependency>
```

1. 开发 Kafka Java 版本的客户端程序

(1)　开发 Producer(生产者)程序，代码如下：

```
import java.util.Properties;
import java.util.Scanner;
import org.apache.kafka.clients.producer.KafkaProducer;
import org.apache.kafka.clients.producer.Producer;
import org.apache.kafka.clients.producer.ProducerRecord;

public class ProducerDemo {

    public static void main(String[] args) throws InterruptedException {
        Properties props = new Properties();
        props.put("bootstrap.servers", "bigdata111:9092");
        props.put("acks", "all");

        props.put("retries", 0);
        props.put("batch.size", 16384);
        props.put("linger.ms", 1);
        props.put("buffer.memory", 33554432);

        props.put("key.serializer",
"org.apache.kafka.common.serialization.StringSerializer");
        props.put("value.serializer",
"org.apache.kafka.common.serialization.StringSerializer");

        Producer<String, String> producer =
new KafkaProducer<String, String>(props);
        for(int i=0;i<10;i++) {
            producer.send(new ProducerRecord<String, String>
                    ("mytopic1", "key"+i, "value"+i));
            Thread.sleep(1000);
        }
        producer.close();
    }
}
```

(2)　开发 Consumer(消费者)程序，代码如下：

```
import java.time.Duration;
import java.util.Arrays;
import java.util.Properties;

import org.apache.kafka.clients.consumer.ConsumerRecord;
import org.apache.kafka.clients.consumer.ConsumerRecords;
import org.apache.kafka.clients.consumer.KafkaConsumer;

public class ConsumerDemo {
    public static void main(String[] args) {
        Properties props = new Properties();
        props.put("bootstrap.servers", "bigdata111:9092");
```

```
        props.put("group.id", "mygroup");
        props.put("enable.auto.commit", "true");
        props.put("auto.commit.interval.ms", "1000");
        props.put("key.deserializer",
"org.apache.kafka.common.serialization.StringDeserializer");
        props.put("value.deserializer",
"org.apache.kafka.common.serialization.StringDeserializer");

        KafkaConsumer<String, String> consumer =
                    new KafkaConsumer<String, String>(props);

        consumer.subscribe(Arrays.asList("mytopic1"));
        while (true) {
            ConsumerRecords<String, String> records =
                        consumer.poll(Duration.ofMillis(100));

            for (ConsumerRecord<String, String> record : records)
              System.out.println("收到消息: "+ record.key() + "\t"
                                        + record.value());
        }
    }
}
```

2. 开发 Kafka Scala 版本的客户端程序

(1) 开发 Producer(生产者)应用程序,代码如下:

```
import org.apache.kafka.clients.producer.KafkaProducer
import java.util.Properties
import org.apache.kafka.clients.producer.ProducerRecord
import org.apache.kafka.clients.producer.RecordMetadata
import org.apache.kafka.clients.producer.ProducerConfig

object DemProducer {
  def main(args: Array[String]): Unit = {
    val props = new Properties
    props.put("bootstrap.servers", "bigdata111:9092")
    props.put("acks", "all");
    props.put("retries", "0")
        props.put("batch.size", "16384")
        props.put("linger.ms", "1")
        props.put("buffer.memory", "33554432")

        props.put("key.serializer",
"org.apache.kafka.common.serialization.StringSerializer");
        props.put("value.serializer",
"org.apache.kafka.common.serialization.StringSerializer");

        val producer = new KafkaProducer[String,String](props)
        var i = 0
        while(i< 10){
            producer.send(new ProducerRecord("mytopic1",
                                    "scala_key"+i,
                                        "scala_value"+i))

            i = i+1
            Thread.sleep(1000)
        }
        producer.close()
  }
}
```

(2) 开发 Consumer 消费者应用程序，代码如下：

```
import java.util.Properties
import org.apache.kafka.clients.consumer.KafkaConsumer
import java.util.Arrays
import java.time.Duration
import org.apache.kafka.clients.consumer.ConsumerRecord

object DemoConsumer {
  def main(args: Array[String]): Unit = {
    val props = new Properties
    props.put("bootstrap.servers", "bigdata111:9092")

    props.put("group.id", "mygroup");
    props.put("enable.auto.commit", "true");
    props.put("auto.commit.interval.ms", "1000");
    props.put("key.deserializer",
"org.apache.kafka.common.serialization.StringDeserializer");
    props.put("value.deserializer",
"org.apache.kafka.common.serialization.StringDeserializer");

    val consumer = new KafkaConsumer(props)
    consumer.subscribe(Arrays.asList("mytopic1"));
    while (true) {
      val records = consumer.poll(Duration.ofMillis(100));
      val its = records.iterator()

      while(its.hasNext()){
        val message = its.next()
        System.out.println("收到消息: "+ message.key()
                            + "\t" + message.value())
      }
    }
    consumer.close()
  }
}
```

任务二　基于 Storm 的网站用户访问实时 Hot IP 分析

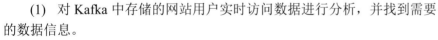【职业能力目标】

通过本任务的学习，学生理解相关知识后，应达成以下能力目标。

(1) 对 Kafka 中存储的网站用户实时访问数据进行分析，并找到需要
的数据信息。

3.2 基于 Storm 的
网站用户访问实时
Hot IP 分析

(2) 根据数据分析的需求，使 Storm 完成处理网站用户实时访问数据，以获取每个用户 IP 地址的访问量信息，即 PV(Page View)值。

【任务描述与要求】

网站用户实时访问数据的清洗：在实时计算中也需要对实时数据进行清洗以得到干净的数据，但由于实时计算的特殊性，它与离线计算的数据清洗所不同的是，可以将数据清洗的逻辑直接放在数据分析处理前，而不需要单独开发一个模块。

网站用户实时访问数据的实时分析：为了得到需要的数据，可以使用 Storm 对数据进行分析和处理。基于网站用户实时访问数据分析得到每个用户 IP 地址的访问量信息，即 PV(Page View)值。

◉【知识储备】

Storm 为分布式实时计算提供了一组通用原语，可被用于"流处理"之中，实时处理消息并更新数据库。这是管理队列及工作者集群的另一种方式。 Storm 也可被用于"连续计算"(continuous computation)，对数据流做连续查询，在计算时就将结果以流的形式输出给用户。它还可被用于"分布式 RPC"，以并行的方式运行昂贵的运算。

Storm 可以方便地在一个计算机集群中编写与扩展复杂的实时计算，Storm 用于实时处理，就好比 Hadoop 用于批处理。Storm 保证每个消息都会得到处理，而且它每秒可以处理数以百万计的消息。

Storm 的体系架构如图 3-13 所示。

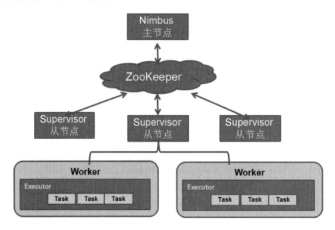

图 3-13　Storm 的体系架构

其中：

(1)　Nimbus：负责资源分配和任务调度。

(2)　Supervisor：负责接受 Nimbus 分配的任务，启动和停止属于自己管理的 Worker 进程。通过配置文件设置当前 supervisor 上启动多少个 Worker。

(3)　Worker：运行具体处理组件逻辑的进程。Worker 运行的任务类型只有两种，一种是 Spout 任务，另一种是 Bolt 任务。

(4)　Executor：Storm 0.8 之后，Executor 为 Worker 进程中的具体的物理线程，同一个 Spout/Bolt 的 Task 可能会共享一个物理线程，一个 Executor 中只能运行隶属于同一个 Spout/Bolt 的 Task。

(5)　Task：Worker 中每一个 spout/bolt 的线程称为一个 task。在 storm0.8 之后，task 不再与物理线程对应，不同 spout/bolt 的 task 可能会共享一个物理线程，该线程称为 executor。

下面的步骤将启动和查看 Storm Web UI。

(1)　启动 ZooKeeper，命令如下：

```
zkServer.sh start
```

(2) 启动 Nimbus 和 logviewer 服务，命令如下：

```
storm nimbus &
storm logviewer &
```

(3) 启动 ui 服务，命令如下：

```
storm ui &
```

(4) 启动 supervisor 服务，命令如下：

```
storm supervisor &
```

(5) 提交执行 Storm Example 任务，命令如下：

```
storm jar examples/storm-starter/storm-starter-topologies-1.0.3.jar  \
org.apache.storm.starter.WordCountTopology MyWC1
```

(6) 刷新 Storm Web UI，可以看到刚提交的 Storm 任务，如图 3-14 所示。

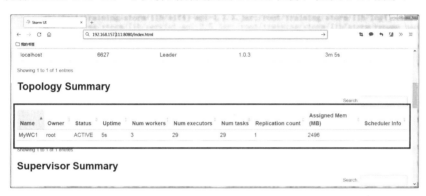

图 3-14　在 Storm 页面上监控 Storm 任务

【任务计划与决策】

网站用户实时访问数据的实时分析

(1) 使用各种实时计算引擎完成数据的分析与处理。
(2) 能够使用 Storm 进行数据的分析与处理。

【任务实施】

(1) 创建 Java 的 Maven 工程，其对应的 pom.xml 文件内容如下：

```
<project xmlns="http://maven.apache.org/POM/4.0.0"
    xmlns:xsi="http://www.w3.org/2001/XMLSchema-instance"
    xsi:schemaLocation="http://maven.apache.org/POM/4.0.0
http://maven.apache.org/xsd/maven-4.0.0.xsd">
    <modelVersion>4.0.0</modelVersion>
    <groupId>demo</groupId>
    <artifactId>ProjectV3Storm</artifactId>
    <version>0.0.1-SNAPSHOT</version>
```

```xml
<properties>
    <storm.version>1.2.1</storm.version>
</properties>

<dependencies>
    <dependency>
        <groupId>org.apache.zookeeper</groupId>
        <artifactId>zookeeper</artifactId>
        <version>3.4.6</version>
    </dependency>

    <dependency>
        <groupId>org.apache.storm</groupId>
        <artifactId>storm-core</artifactId>
        <version>${storm.version}</version>
        <exclusions>
            <exclusion>
                <groupId>org.apache.zookeeper</groupId>
                <artifactId>zookeeper</artifactId>
            </exclusion>
        </exclusions>
    </dependency>

    <dependency>
        <groupId>org.apache.storm</groupId>
        <artifactId>storm-kafka</artifactId>
        <version>${storm.version}</version>
        <exclusions>
            <exclusion>
                <groupId>org.apache.zookeeper</groupId>
                <artifactId>zookeeper</artifactId>
            </exclusion>
        </exclusions>
    </dependency>

    <dependency>
        <groupId>org.apache.kafka</groupId>
        <artifactId>kafka_2.9.2</artifactId>
        <version>0.8.2.2</version>
        <exclusions>
            <exclusion>
                <groupId>org.apache.zookeeper</groupId>
                <artifactId>zookeeper</artifactId>
            </exclusion>
            <exclusion>
                <groupId>log4j</groupId>
                <artifactId>log4j</artifactId>
            </exclusion>
        </exclusions>
    </dependency>

    <dependency>
        <groupId>mysql</groupId>
        <artifactId>mysql-connector-java</artifactId>
        <version>5.1.31</version>
    </dependency>

    <dependency>
        <groupId>org.apache.storm</groupId>
        <artifactId>storm-jdbc</artifactId>
```

```
                <version>${storm.version}</version>
        </dependency>

        <dependency>
            <groupId>org.apache.storm</groupId>
            <artifactId>storm-redis</artifactId>
            <version>${storm.version}</version>
            <type>jar</type>
        </dependency>

        <dependency>
            <groupId>org.apache.storm</groupId>
            <artifactId>storm-redis</artifactId>
            <version>${storm.version}</version>
        </dependency>
    </dependencies>

</project>
```

💡 **提示：** 在此 pom.xml 文件中，已经集成了 Storm 与 Kafka、Redis、JDBC、MySQL 的依赖。

（2）开发 Storm 的 Bolt 任务，清洗数据并完成用户点击日志数据的解析，代码如下：

```
package demo;

import java.util.Map;

import org.apache.storm.task.OutputCollector;
import org.apache.storm.task.TopologyContext;
import org.apache.storm.topology.OutputFieldsDeclarer;
import org.apache.storm.topology.base.BaseRichBolt;
import org.apache.storm.tuple.Fields;
import org.apache.storm.tuple.Tuple;
import org.apache.storm.tuple.Values;

public class HotIPSplitBolt extends BaseRichBolt {

    //输出流
    private OutputCollector collector;

    public void prepare(Map stormConf,
TopologyContext context,
OutputCollector collector) {
        this.collector = collector;
    }

    public void execute(Tuple input) {
        // 获取采集到的日志:
//1,201.105.101.102,http://mystore.jsp/?productid=1,2017020020,1,1
        String log = input.getString(0);

        //分词操作，解析出 IP 地址
        String[] words = log.split(",");

        //数据清洗
        if(words.length != 6) return;
```

```
        //每个IP记一次数
        this.collector.emit(new Values(words[1],1));

        this.collector.ack(input);
    }

    public void declareOutputFields(OutputFieldsDeclarer declarer) {
        // schema的格式：IP地址  记一次数
        declarer.declare(new Fields("ip","count"));
    }
}
```

(3) 开发 Storm 的 Bolt 任务，完成用户 IP 的统计，代码如下：

```
package demo;

import java.util.HashMap;
import java.util.Map;

import org.apache.storm.task.OutputCollector;
import org.apache.storm.task.TopologyContext;
import org.apache.storm.topology.OutputFieldsDeclarer;
import org.apache.storm.topology.base.BaseRichBolt;
import org.apache.storm.tuple.Fields;
import org.apache.storm.tuple.Tuple;
import org.apache.storm.tuple.Values;

public class HotIPPVTotalBolt extends BaseRichBolt {

    //定义一个Map集合求和
    private Map<String, Integer> result = new HashMap<String, Integer>();

    private OutputCollector collector;
    public void prepare(Map stormConf,
TopologyContext context,
OutputCollector collector) {
        this.collector = collector;
    }

    public void execute(Tuple input) {
        //取出数据
        String ip = input.getStringByField("ip");
        int count = input.getIntegerByField("count");

        if(result.containsKey(ip)) {
            int total = result.get(ip);
            result.put(ip, total+count);
        }else {
            result.put(ip, count);
        }

        System.out.println("统计的结果是：" + result);

        this.collector.emit(new Values(ip,result.get(ip)));
        this.collector.ack(input);
    }
```

```
    public void declareOutputFields(OutputFieldsDeclarer declarer) {
        declarer.declare(new Fields("ip","PV"));
    }
}
```

(4) 开发 Storm 任务的主程序，代码如下：

```
package demo;

import java.util.Arrays;

import org.apache.storm.Config;
import org.apache.storm.LocalCluster;
import org.apache.storm.kafka.BrokerHosts;
import org.apache.storm.kafka.KafkaSpout;
import org.apache.storm.kafka.SpoutConfig;
import org.apache.storm.kafka.StringScheme;
import org.apache.storm.kafka.ZkHosts;
import org.apache.storm.spout.SchemeAsMultiScheme;
import org.apache.storm.topology.TopologyBuilder;
import org.apache.storm.tuple.Fields;

public class HotIPToplogy {

    public static void main(String[] args) {
        String zkServer = "127.0.0.1"; //ZooKeeper 的地址
        BrokerHosts hosts = new ZkHosts(zkServer);//Broker 的地址
        String zkRoot = "/storm"; //storm 在 ZooKeeper 的根节点
        SpoutConfig spoutConf = new SpoutConfig(hosts,
"mytopic",
zkRoot ,
"mytopic");

        //指定 Kafaka 的消息类型
        spoutConf.scheme = new SchemeAsMultiScheme(
new StringScheme());//kafka 的消息类型是字符串
        spoutConf.zkServers = Arrays.asList(new String[] {"127.0.0.1"});
        spoutConf.zkPort = 2181;

        TopologyBuilder builder = new TopologyBuilder();
        builder.setSpout("kafka-reader",new KafkaSpout(spoutConf));
        builder.setBolt("split", new HotIPSplitBolt())
.shuffleGrouping("kafka-reader");
        builder.setBolt("total", new HotIPPVTotalBolt())
.fieldsGrouping("split", new Fields("ip"));

        //运行在本地模式
        Config conf = new Config();
        LocalCluster cluster = new LocalCluster();
        cluster.submitTopology("mydemo", conf, builder.createTopology());
    }
}
```

(5) 在 IDE 开发工具中直接运行程序，得到的输出结果如图 3-15 所示。

```
统计的结果是：{201.105.101.102=1}
统计的结果是：{201.105.101.103=1, 201.105.101.102=1}
统计的结果是：{201.105.101.105=1, 201.105.101.103=1, 201.105.101.102=1}
统计的结果是：{201.105.101.107=1, 201.105.101.105=1, 201.105.101.103=1, 201.105.101.102=1}
统计的结果是：{201.105.101.107=1, 201.105.101.105=1, 201.105.101.103=1, 201.105.101.102=2}
统计的结果是：{201.105.101.107=1, 201.105.101.105=1, 201.105.101.103=1, 201.105.101.102=3}
```

图 3-15　Storm 任务的输出结果

💡 提示：这里直接将结果打印在屏幕上。

◉ 【任务检查与评价】

完成任务实施后，进行任务检查与评价，任务检查评价表如表 3-7 所示。

表 3-7　任务检查评价表

项目名称	企业人力资源员工数据的离线分析			
任务名称	准备项目数据与环境			
评价方式	可采用自评、互评、教师评价等方式			
说　　明	主要评价学生在项目学习过程中的操作技能、理论知识、学习态度、课堂表现、学习能力等			
评价内容与评价标准				
序号	评价内容	评价标准	分值	得分
1	知识运用 (20%)	掌握相关理论知识，理解本次任务要求，制订详细计划，计划条理清晰，逻辑正确(20 分)	20 分	
		理解相关理论知识，能根据本次任务要求制订合理计划(15 分)		
		了解相关理论知识，并制订了计划(10 分)		
		没有制订计划(0 分)		
2	专业技能 (40%)	结果验证全部满足(40 分)	40 分	
		结果验证只有一个功能不能实现，其他功能全部实现(30 分)		
		结果验证只有一个功能实现，其他功能全部没有实现(20 分)		
		结果验证所有功能均未实现(0 分)		
3	核心素养 (20%)	具有良好的自主学习能力、分析解决问题的能力，整个任务过程中指导过他人(20 分)	20 分	
		具有较好的学习能力和分析解决问题的能力，任务过程中没有指导他人(15 分)		
		能够主动学习并收集信息，有请求他人帮助解决问题的能力(10 分)		
		不主动学习(0 分)		
4	课堂纪律 (20%)	设备无损坏，无干扰课堂秩序言行(20 分)	20 分	
		无干扰课堂秩序言行(10 分)		
		有干扰课堂秩序言行(0 分)		

【任务小结】

任务二的思维导图如图 3-16 所示。

图 3-16　任务二的思维导图

在本次任务中，学生需要使用 Storm 完成对网站的用户点击数据进行分析和处理。通过该任务，学生可以了解 Storm 实时处理的执行过程，并使用 Java 语言开发对应的处理程序。

【任务拓展】

基于本项目的业务场景和原始数据，请尝试实现以下功能。

将 Storm 程序打包成为 jar 文件，使用 storm jar 命令将其提交到 Storm 集群上运行。

任务三　基于 Spark 的网站用户访问实时 Hot IP 分析

【职业能力目标】

3.3 基于 Spark 的
网站用户访问实时
Hot IP 分析

通过对本任务的学习，学生理解相关知识后，应达成以下能力目标。

(1)　对 Kafka 中存储的网站用户实时访问数据进行分析，并找到需要的数据信息。

(2)　根据数据分析的需求，结合 Spark Streaming 与 Spark SQL 处理网站用户实时访问数据，以获取每个用户 IP 地址的访问量信息，即 PV(Page View)值。

【任务描述与要求】

在实时计算中也需要对实时数据进行清洗以得到干净的数据。但由于实时计算的特殊性，它与离线计算的数据清洗所不同的是：可以将数据清洗的逻辑直接放在数据分析处理前，而不需要单独开发一个模块。

为了得到需要的数据，可以结合 Spark Streaming 与 Spark SQL 对的数据进行分析和处理，由于数据是结构化数据也可以使用 SQL 语句进行分析处理。基于网站用户实时访问数据分析得到每个用户 IP 地址的访问量信息，即 PV(Page View)值。

【知识储备】

一、流式计算引擎 Spark Streaming

Spark Streaming 基于 Spark Core,它是核心 Spark API 的扩展。通过使用 Spark Streaming 可以实现高吞吐量、可容错和可扩展的实时数据流处理。并且 Spark Streaming 支持多种数据源来获取实时的流式数据,如 Flume、Kafka 等。由于 Spark Streaming 数据模型的本质依然是 RDD,因此通过使用 Spark Streaming 的算子可以开发的复杂算法进行流数据处理。同时,由于 Spark SQL 和 Spark Streaming 都已经被集成到 Spark 中,因此在 Spark Streaming 的流式处理中,也可以是 Spark SQL,即使用 SQL 语句来处理流式的实时数据。最后,Spark Streaming 支持多种将流式计算处理的结果保存到文件系统、数据库或者实时显示的仪表盘上。

二、数据分析引擎 Spark SQL

Spark SQL 是 Spark 用来处理结构化数据的一个模块,它提供了一个编程抽象叫作 DataFrame 并且作为分布式 SQL 查询引擎的作用。这里的 DataFrame 就是 Spark SQL 的数据模型,可以把它理解成是一张表。

Spark SQL 是基于 Spark Core,因此 Spark SQL 具有如下特征。

1. 容易整合

我们都知道 Hive 并没有集成到 Hadoop 的环境中,需要单独进行安装;并且 Hive 还需要关系型数据库 MySQL 的支持,用于 Hive 的元信息。而 Spark SQL 已经被集成到了 Spark 的环境中,不需要单独进行安装。当 Spark 部署完成后,就可以直接使用 Spark SQL。

2. 提供统一的数据访问方式

Spark SQL 主要用于处理结构化数据。而结构化数据也包含非常多的类型,如:JSON 文件、CSV 文件、Parquet 文件,或者是关系型数据库中的数据。Spark SQL 提供了 DataFrame 的数据抽象,用于代表不同的结构化数据。通过创建和使用 DataFrame 就能够处理不同类型的结构化数据。

3. 兼容 Hive

Hive 是基于 HDFS 之上的数据仓库,可以将 Hive 当成是一个数据库来使用。将数据存储在 Hive 的表中,而通过 Spark SQL 的方式来处理 Hive 中的数据。

4. 支持标准的数据连接

Spark SQL 支持标准的数据连接方式,如 JDBC 和 ODBC。

【任务计划与决策】

网站用户实时访问数据的实时分析要求完成以下两个任务。
(1) 使用各种实时计算引擎完成数据的分析与处理。
(2) 能够使用 Spark Streaming 与 Spark SQL 进行数据的分析与处理。

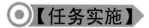【任务实施】

(1) 创建 Scala 的 Maven 工程，其对应的 pom.xml 文件内容如下：

```xml
<project xmlns="http://maven.apache.org/POM/4.0.0"
xmlns:xsi="http://www.w3.org/2001/XMLSchema-instance"
xsi:schemaLocation="http://maven.apache.org/POM/4.0.0
http://maven.apache.org/xsd/maven-4.0.0.xsd">
  <modelVersion>4.0.0</modelVersion>
  <groupId>demo</groupId>
  <artifactId>ProjectV3</artifactId>
  <version>0.0.1-SNAPSHOT</version>

    <properties>
        <spark.version>2.3.2</spark.version>
        <scala.version>2.11</scala.version>
    </properties>

    <dependencies>
        <dependency>
            <groupId>org.apache.spark</groupId>
            <artifactId>spark-core_${scala.version}</artifactId>
            <version>${spark.version}</version>
        </dependency>
        <dependency>
            <groupId>org.apache.spark</groupId>
            <artifactId>spark-streaming_${scala.version}</artifactId>
            <version>${spark.version}</version>
        </dependency>
        <dependency>
            <groupId>org.apache.spark</groupId>
            <artifactId>spark-sql_${scala.version}</artifactId>
            <version>${spark.version}</version>
        </dependency>
        <dependency>
            <groupId>org.apache.spark</groupId>
            <artifactId>spark-streaming-kafka-0-8_2.11</artifactId>
            <version>${spark.version}</version>
        </dependency>
    </dependencies>
</project>
```

(2) 使用 Spark Streaming 结合 Spark SQL 进行实时分析 Top 用户，代码如下：

```scala
package demo

import org.apache.spark.SparkConf
import org.apache.spark.streaming.kafka.KafkaUtils
import org.apache.spark.streaming.{ Seconds, StreamingContext }
import org.apache.spark.rdd.RDD
import org.apache.spark.streaming.Time
import org.apache.spark.sql.SQLContext
import org.apache.log4j.Logger
import org.apache.log4j.Level

object HotIP {
```

```
//经过清洗后的用户点击数据    需要从 url 中解析出 product_id
case class LogInfo(user_id: String, user_ip: String,
product_id: String,click_time: String,
action_type: String, area_id: String)

def main(args: Array[String]) {
  Logger.getLogger("org.apache.spark").setLevel(Level.ERROR)
  Logger.getLogger("org.eclipse.jetty.server").setLevel(Level.OFF)

  val conf = new SparkConf()
.setAppName("SparkFlumeNGWordCount")
.setMaster("local[2]")
  val ssc = new StreamingContext(conf, Seconds(10))

  //由于需要使用 Spark SQL 进行分析，创建 SQLContext 对象
  val sqlContext = new SQLContext(ssc.sparkContext)
  import sqlContext.implicits._

  //创建 topic 名称，1 表示一次从这个 topic 中获取一条记录
  val topics = Map("mytopic" -> 1)

  //创建 Kafka 的输入流，指定 ZooKeeper 的地址
  val kafkaStream = KafkaUtils.createStream(ssc,
"127.0.0.1:2181",
"mygroup", topics)
//取出日志数据
  val logRDD = kafkaStream.map(._2)
  logRDD.foreachRDD((rdd: RDD[String], time: Time) => {
    val result = rdd.map(_.split(",")).map(
x => new LogInfo(x(0), x(1), x(2), x(3), x(4), x(5)))
.toDF

    result.createOrReplaceTempView("clicklog")

    // 定义 SQL 语句
    val sql = "select user_ip as IP,count(user_ip) as PV
from clicklog group by user_ip"
    sqlContext.sql(sql).show
  })

  ssc.start()
  ssc.awaitTermination();
  }
}
```

(3) 在开发工具中执行程序，输出的结果如图 3-17 所示。

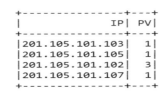

```
+---------------+---+
|             IP| PV|
+---------------+---+
|201.105.101.103|  1|
|201.105.101.105|  1|
|201.105.101.102|  3|
|201.105.101.107|  1|
+---------------+---+
```

图 3-17   Spark SQL 的输出结果

◉ 【任务检查与评价】

完成任务实施后，进行任务检查与评价，任务检查评价表如表 3-8 所示。

表 3-8　任务检查评价表

项目名称	企业人力资源员工数据的离线分析			
任务名称	准备项目数据与环境			
评价方式	可采用自评、互评、教师评价等方式			
说　　明	主要评价学生在项目学习过程中的操作技能、理论知识、学习态度、课堂表现、学习能力等			
评价内容与评价标准				
序号	评价内容	评价标准	分值	得分
1	知识运用 (20%)	掌握相关理论知识，理解本次任务要求，制订详细计划，计划条理清晰，逻辑正确(20 分)	20 分	
		理解相关理论知识，能根据本次任务要求制订合理计划(15 分)		
		了解相关理论知识，并制订了计划(10 分)		
		没有制订计划(0 分)		
2	专业技能 (40%)	结果验证全部满足(40 分)	40 分	
		结果验证只有一个功能不能实现，其他功能全部实现(30 分)		
		结果验证只有一个功能实现，其他功能全部没有实现(20 分)		
		结果验证所有功能均未实现(0 分)		
3	核心素养 (20%)	具有良好的自主学习能力、分析解决问题的能力，整个任务过程中指导过他人(20 分)	20 分	
		具有较好的学习能力和分析解决问题的能力，任务过程中没有指导他人(15 分)		
		能够主动学习并收集信息，有请求他人帮助解决问题的能力(10 分)		
		不主动学习(0 分)		
4	课堂纪律 (20%)	设备无损坏，无干扰课堂秩序言行(20 分)	20 分	
		无干扰课堂秩序言行(10 分)		
		有干扰课堂秩序言行(0 分)		

◉ 【任务小结】

任务三的思维导图如图 3-18 所示。

图 3-18　任务三的思维导图

在本次任务中，学生需要使用 Spark Streaming 完成对网站的用户点击数据进行分析和处理。通过该任务，学生可以了解 Spark Streaming 实时处理的执行过程，并使用 Scala 语言开发对应的处理程序。

【任务拓展】

基于本项目的业务场景和原始数据，请尝试实现以下功能。

将 Spark Streaming 程序打包成为 jar 文件，使用 spark-submit 命令将其提交到 Spark 集群上运行。

项 目 四

实时分析用户信息 访问数据

在网站运营中，需要分析网站访问排名前 N 的客户，主要用来审计是否有异常用户，同时分析忠诚用户。图 4-1 所示为项目四的整体架构。

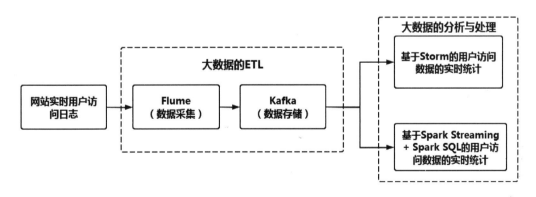

图 4-1　项目四的整体架构

任务一 用户访问数据的实时采集

4.1 用户访问数据
的实时采集

【职业能力目标】

通过本任务的教学，学生理解相关知识后，应达成以下能力目标。

(1) 根据存储系统的导入方式，能将采集的网站用户点击日志数据进行过滤优化，实现高效存储。

(2) 根据采集脚本及数据过滤需求，能使用 Flume 模拟完成从用户实时访问数据的采集数据，并将其存入 Kafka 消息系统。

【任务描述与要求】

在网站的运营管理中，需要通过对网站的用户的访问量进行分析，从而了解用户情况。如审计是否有异常用户，同时分析忠诚用户。本任务为该项目的前置任务，将完成数据的采集工作。

使用 Flume 完成用户网站点击日志的采集，并存入 Kafka。

【知识储备】

本任务需要使用日志采集框架 Flume 和消息系统 Kafka，相关知识储备请参考：项目三中任务一的相关内容。

【任务计划与决策】

表 4-1 所示为网站用户访问数据中包含的内容，此表在项目三的任务一中给出过，这里再加强了解一下

表 4-1 网站用户访问数据中包含的内容

列　名	描　述	数据类型	空/非空	约束条件
user_id	用户 ID	varchar(18)	Not null	
user_ip	用户 IP	varchar(20)	Not null	
url	用户点击 URL	varchar(200)		
click_time	用户点击时间	varchar(40)		
action_type	动作名称	varchar(40)		
area_id	地区 ID	varchar(40)		

表 4-2 所示为用户信息表(userinfo)中包含的内容。

表 4-2 用户信息表(userinfo)中包含的内容

列　名	描　述	数据类型	空/非空	约束条件
UserID	身份证号	varchar(18)	Not null	
Username	姓名	varchar(20)	Not null	
Sex	性别	varchar(10)	Not null	
Birthday	出生年月	datetime	Not null	
Birthprov	出生省份	varchar(8)	Not null	
Birthcity	出生城市	varchar(8)	Not null	
Job	工作	varchar(20)	Not null	
EducationLevel	教育水平	int	Not null	
SnnualSalary	年薪	double	Not null	
Addr_prov	现居地省份编号	varchar(8)	Not null	
Addr_city	现居地城市编号	varchar(8)	Not null	
Address	通信地址	varchar(50)	Not null	
Mobile	联系电话	varchar(11)	Not null	
Mail	邮箱	varchar(30)	Not null	
status	用户状态	Int		

表 4-3 所示为用户访问数据表(hotuserid)中包含的 PV，此表在项目三的任务一中给出过，这里加强了解一下。

表 4-3 用户访问数据表(hotuserid)中包含的 PV

列　名	描　述	数据类型	空/非空	约束条件
ip	IP	varchar(18)	Not null	
pv	访问量	varchar(200)		

　　数据观察可以帮助我们了解到数据的分布情况，这样一来便可以根据需要使用 Flume 进行实时点击日志的数据采集。而采集到的数据可能存在空值或者错误等情况，因此还需要对数据进行打印，观察采集到的数据存在什么问题，并针对这些问题进行相应的处理。

　　根据所学相关知识，请制订完成本次任务的实施计划。

●【任务实施】

一、配置 MySQL 数据库与 Flume

(1) 登录 MySQL 数据库，命令如下：

```
mysql -uroot -pWelcome_1
```

(2) 创建 demo 数据库，并切换到 demo 数据库上，命令如下：

```
mysql> create database demo;
mysql> use demo;
```

(3) 创建 userinfo 表用于保存用户的注册的信息，命令如下：

```
mysql> create table userinfo(userid int,username varchar(10));
```

💡 **提示**：这里简化的用户信息表，只保存了用户的 ID 和用户名称。

(4) 插入用户信息，命令如下：

```
mysql> insert into userinfo values(1,'tom');
mysql> insert into userinfo values(2,'jerry');
mysql> insert into userinfo values(3,'jack');
mysql> insert into userinfo values(4,'cherry');
```

(5) 创建用户访问统计信息表，用于实时保存用户访问的 PV 值，命令如下：

```
mysql> create table hotuserid (userid int primary key,PV int);
```

(6) 在/root/training/flume/conf/目录下创建日志数据采集的 Agent 配置文件 myagent.conf，并输入如下的内容：

```
#定义 myagent 名，source、channel、sink 的名称
myagent.sources = r1
myagent.channels = c1
myagent.sinks = k1

#具体定义 source
myagent.sources.r1.type = spooldir
myagent.sources.r1.spoolDir = /root/logs

#具体定义 channel
myagent.channels.c1.type = memory
myagent.channels.c1.capacity = 10000
myagent.channels.c1.transactionCapacity = 100

#设置 Kafka 接收器
myagent.sinks.k1.type= org.apache.flume.sink.kafka.KafkaSink

#设置 Kafka 的 broker 地址和端口号
myagent.sinks.k1.brokerList=127.0.0.1:9092

#设置 Kafka 的 Topic
myagent.sinks.k1.topic=mytopic

#设置序列化方式
myagent.sinks.k1.serializer.class=kafka.serializer.StringEncoder

#组装 source、channel、sink
myagent.sources.r1.channels = c1
myagent.sinks.k1.channel = c1
```

二、集成 Flume 和 Kafka 完成网站用户访问数据的采集

(1) 创建目录用于存储网站用户点击的日志数据，命令如下：

```
mkdir /root/logs
```

(2) 启动 Flume，命令如下：

```
cd /root/training/flume
```

```
bin/flume-ng agent -n myagent -f conf/myagent.conf \
-c conf -Dflume.root.logger=INFO,console
```

💡 **提示**：Flume 成功启动后，将输出下面的信息。

```
......
Kafka version : 2.0.1
Kafka commitId : fa14705e51bd2ce5
Monitored counter group for type: SINK, name: k1: Successfully registered new
MBean.
Component type: SINK, name: k1 started
```

(3)　启动 Kafka 的消费者客户端，命令如下：

```
bin/kafka-console-consumer.sh --bootstrap-server localhost:9092 \
--topic mytopic
```

(4)　将用户点击的日志文件 userclicklog.txt 多复制几份到/root/logs/目录下，用于模拟网站产生的用户点击日志，命令如下：

```
cp userclicklog.txt /root/logs/1.log
cp userclicklog.txt /root/logs/2.log
cp userclicklog.txt /root/logs/3.log
cp userclicklog.txt /root/logs/4.log
cp userclicklog.txt /root/logs/5.log
```

(5)　观察 Kafka 的消费者客户端的输出信息如下：

```
[root@myvm kafka]# bin/kafka-console-consumer.sh --bootstrap-server \
localhost:9092 --topic mytopic

3,201.105.101.105,http://mystore.jsp/?productid=3,2017020023,1,1
1,201.105.101.102,http://mystore.jsp/?productid=1,2017020029,2,1
1,201.105.101.102,http://mystore.jsp/?productid=1,2017020020,1,1
4,201.105.101.107,http://mystore.jsp/?productid=1,2017020025,1,1
2,201.105.101.103,http://mystore.jsp/?productid=2,2017020022,1,1
1,201.105.101.102,http://mystore.jsp/?productid=4,2017020021,3,1
2,201.105.101.103,http://mystore.jsp/?productid=2,2017020022,1,1
1,201.105.101.102,http://mystore.jsp/?productid=4,2017020021,3,1
3,201.105.101.105,http://mystore.jsp/?productid=3,2017020023,1,1
1,201.105.101.102,http://mystore.jsp/?productid=1,2017020029,2,1
1,201.105.101.102,http://mystore.jsp/?productid=1,2017020020,1,1
4,201.105.101.107,http://mystore.jsp/?productid=1,2017020025,1,1
```

(6)　Kafka 输出信息，如图 4-2 所示。

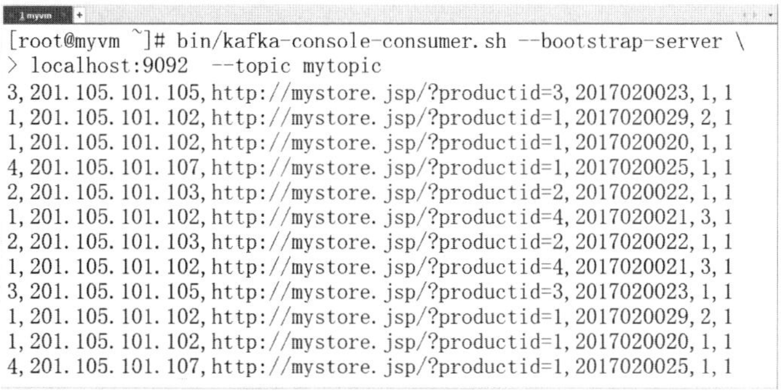

图 4-2　Kafka 的输出信息

【任务检查与评价】

完成任务实施后，进行任务检查与评价，任务检查评价表如表4-4所示。

表4-4 任务检查评价表

项目名称	企业人力资源员工数据的离线分析			
任务名称	准备项目数据与环境			
评价方式	可采用自评、互评、教师评价等方式			
说 明	主要评价学生在项目学习过程中的操作技能、理论知识、学习态度、课堂表现、学习能力等			
评价内容与评价标准				
序号	评价内容	评价标准	分值	得分
1	知识运用(20%)	掌握相关理论知识，理解本次任务要求，制订详细计划，计划条理清晰，逻辑正确(20分)	20分	
		理解相关理论知识，能根据本次任务要求制订合理计划(15分)		
		了解相关理论知识，并制订了计划(10分)		
		没有制订计划(0分)		
2	专业技能(40%)	结果验证全部满足(40分)	40分	
		结果验证只有一个功能不能实现，其他功能全部实现(30分)		
		结果验证只有一个功能实现，其他功能全部没有实现(20分)		
		结果验证所有功能均未实现(0分)		
3	核心素养(20%)	具有良好的自主学习能力、分析解决问题的能力，整个任务过程中指导过他人(20分)	20分	
		具有较好的学习能力和分析解决问题的能力，任务过程中没有指导他人(15分)		
		能够主动学习并收集信息，有请求他人帮助解决问题的能力(10分)		
		不主动学习(0分)		
4	课堂纪律(20%)	设备无损坏，无干扰课堂秩序言行(20分)	20分	
		无干扰课堂秩序言行(10分)		
		有干扰课堂秩序言行(0分)		

【任务小结】

任务一的思维导图如图4-3所示。

图4-3 任务一的思维导图

在本次任务中，学生需要模拟使用文本数据来代表网站用户的访问数据，并使用 Flume 进行数据的采集，最后将采集到的数据保存到消息系统 Kafka 中。通过该任务，学生可以了解 Flume 的使用方法以及完成的数据采集流程，并掌握 Flume 的操作方法与 Kafka 的使用。

◉【任务拓展】

基于本项目的业务场景和原始数据，请尝试实现以下功能。

通过使用 Flume 可以完成实时采集的数据存入 Kafka 中，但在某些情况下为了可以更好地分析和处理数据，需要使用其他方式的实时数据采集方式进行数据的采集，例如使用爬虫或者 Kettle 完成实时数据的采集，并将采集到的数据存入消息系统 Kafka 中。

任务二　基于 Storm 的用户访问数据的实时统计

◉【职业能力目标】

4.2　基于 Storm 的用户
访问数据的实时统计

通过本任务的学习，学生理解相关知识后，应达成以下能力目标。
对 Kafka 中存储的用户实时访问数据进行分析，并找到需要的数据信息。

(1)　根据数据分析的需求，使 Storm 完成处理用户实时访问数据，以获取每个用户的访问量信息，即 PV(Page View)值。

(2)　根据存储在 MySQL 数据库中的 userinfo 表信息，获取用户的详细信息。

◉【任务描述与要求】

本任务描述与要求基本与项目三中的任务二基本相同，具体如下。

网站用户实时访问数据的清洗：在实时计算中也需要对实时数据进行清洗以得到干净的数据，但由于实时计算的特殊性，它与离线计算的数据清洗所不同的是，可以将数据清洗的逻辑直接放在数据分析处理前，而不需要单独开发一个模块。

用户实时访问数据的实时分析：为了得到需要的数据，可以使用 Storm 对数据进行分析和处理。基于用户实时访问数据分析得到每个用户的访问量信息，即 PV(Page View)值。然后根据存储在 MySQL 数据库中的 userinfo 表信息，获取用户的详细信息。

◉【知识储备】

本任务所需的相关知识虽然与项目三中的任务二基本相同，但此处需要再加强学习一遍。

Storm 为分布式实时计算提供了一组通用原语，可被用于"流处理"之中，实时处理消息并更新数据库。这是管理队列及工作者集群的另一种方式。 Storm 也可被用于"连续计算"(continuous computation)，对数据流做连续查询，在计算时就将结果以流的形式输出给用户。它还可被用于"分布式 RPC"，以并行的方式运行昂贵的运算。

Storm 可以方便地在一个计算机集群中编写与扩展复杂的实时计算，Storm 用于实时处理，就好比 Hadoop 用于批处理。Storm 保证每个消息都会得到处理，而且它很快，在一个小集群中，每秒可以处理数以百万计的消息。更棒的是你可以使用任意编程语言来做开发。

【任务计划与决策】

用户实时访问数据的实时分析

(1) 使用各种实时计算引擎完成数据的分析与处理。

(2) 能够使用 Storm 进行数据的分析与处理。

【任务实施】

(1) 创建 Java 的 Maven 工程，其对应的 pom.xml 文件内容如下：

```xml
<project xmlns="http://maven.apache.org/POM/4.0.0"
    xmlns:xsi="http://www.w3.org/2001/XMLSchema-instance"
    xsi:schemaLocation="http://maven.apache.org/POM/4.0.0
http://maven.apache.org/xsd/maven-4.0.0.xsd">
    <modelVersion>4.0.0</modelVersion>
    <groupId>demo</groupId>
    <artifactId>ProjectV3Storm</artifactId>
    <version>0.0.1-SNAPSHOT</version>

    <properties>
        <storm.version>1.2.1</storm.version>
    </properties>

    <dependencies>
        <dependency>
            <groupId>org.apache.zookeeper</groupId>
            <artifactId>zookeeper</artifactId>
            <version>3.4.6</version>
        </dependency>

        <dependency>
            <groupId>org.apache.storm</groupId>
            <artifactId>storm-core</artifactId>
            <version>${storm.version}</version>
            <exclusions>
                <exclusion>
                    <groupId>org.apache.zookeeper</groupId>
                    <artifactId>zookeeper</artifactId>
                </exclusion>
            </exclusions>
        </dependency>

        <dependency>
            <groupId>org.apache.storm</groupId>
            <artifactId>storm-kafka</artifactId>
            <version>${storm.version}</version>
            <exclusions>
                <exclusion>
                    <groupId>org.apache.zookeeper</groupId>
                    <artifactId>zookeeper</artifactId>
                </exclusion>
            </exclusions>
        </dependency>

        <dependency>
```

```
            <groupId>org.apache.kafka</groupId>
            <artifactId>kafka_2.9.2</artifactId>
            <version>0.8.2.2</version>
            <exclusions>
                <exclusion>
                    <groupId>org.apache.zookeeper</groupId>
                    <artifactId>zookeeper</artifactId>
                </exclusion>
                <exclusion>
                    <groupId>log4j</groupId>
                    <artifactId>log4j</artifactId>
                </exclusion>
            </exclusions>
        </dependency>

        <dependency>
            <groupId>mysql</groupId>
            <artifactId>mysql-connector-java</artifactId>
            <version>5.1.31</version>
        </dependency>

        <dependency>
            <groupId>org.apache.storm</groupId>
            <artifactId>storm-jdbc</artifactId>
            <version>${storm.version}</version>
        </dependency>

        <dependency>
            <groupId>org.apache.storm</groupId>
            <artifactId>storm-redis</artifactId>
            <version>${storm.version}</version>
            <type>jar</type>
        </dependency>

        <dependency>
            <groupId>org.apache.storm</groupId>
            <artifactId>storm-redis</artifactId>
            <version>${storm.version}</version>
        </dependency>
    </dependencies>
</project>
```

💡 **提示**：在此 pom.xml 文件中，已经集成了 Storm 与 Kafka、Redis、JDBC、MySQL 的依赖。

(2) 开发 Storm 的 Bolt 任务，清洗数据并完成用户访问数据的解析，代码如下：

```
package demo;

import java.util.Map;

import org.apache.storm.task.OutputCollector;
import org.apache.storm.task.TopologyContext;
import org.apache.storm.topology.OutputFieldsDeclarer;
import org.apache.storm.topology.base.BaseRichBolt;
import org.apache.storm.tuple.Fields;
import org.apache.storm.tuple.Tuple;
import org.apache.storm.tuple.Values;
```

```
public class BlackUserListSplitBolt extends BaseRichBolt {

    private OutputCollector collector;

    public void execute(Tuple tuple) {

        String log = tuple.getString(0);

        //进行分词，解析出user_ip
        String[] words = log.split(",");

        //过滤不满足要求的日志信息
        if(words.length == 6){
            System.out.println("解析的ip是: " + words[1]);
            //每个用户ID记一次数，输出用户ID
            this.collector.emit(new Values(Integer.parseInt(words[0])
,1));
        }

        this.collector.ack(tuple);
    }

    public void prepare(Map arg0, TopologyContext arg1,
OutputCollector collector) {
        this.collector = collector;
    }

    public void declareOutputFields(OutputFieldsDeclarer declare) {
        //申明输出格式：两个字段(ip,1)
        declare.declare(new Fields("userID","count"));
    }
}
```

(3) 开发 Storm 的 Bolt 任务，完成用户访问数据 PV 值的统计，代码如下：

```
package demo;

import java.util.HashMap;
import java.util.List;
import java.util.Map;

import org.apache.storm.task.OutputCollector;
import org.apache.storm.task.TopologyContext;
import org.apache.storm.topology.OutputFieldsDeclarer;
import org.apache.storm.topology.base.BaseRichBolt;
import org.apache.storm.topology.base.BaseWindowedBolt;
import org.apache.storm.tuple.Fields;
import org.apache.storm.tuple.Tuple;
import org.apache.storm.tuple.Values;
import org.apache.storm.windowing.TupleWindow;

public class BlackUserListTotalByWindowBolt extends BaseWindowedBolt {

    //使用Map集合存储结果
    private Map<Integer, Integer> result;

    private OutputCollector collector;
```

```
    public void execute(TupleWindow inputWindow) {
        //统计窗口内的数据
        result = new HashMap<Integer, Integer>();

        //获取窗口中的内容
        List<Tuple> input = inputWindow.get();

        //处理该窗口中的每个 Tuple
        for(Tuple tuple:input){
            //取出数据
            int userID = tuple.getIntegerByField("userID");
            int count = tuple.getIntegerByField("count");

            //求和
            if(result.containsKey(userID)){
                //如果已经存在, 累加
                int total = result.get(userID);
                result.put(userID, total+count);
            }else{
                //这是一个新用户 ID
                result.put(userID, count);
            }

            //输出到屏幕: 每个 IP 的热度
            System.out.println("统计的结果是: " + result);

            this.collector.ack(tuple);

            //过滤统计的结果, 进行黑名单检查
            if(result.get(userID) > 6){
                //输出给下一个组件
                //单词            总频率
                this.collector.emit(new Values(userID,
result.get(userID)));
            }
        }
    }

    @Override
    public void declareOutputFields(OutputFieldsDeclarer declarer) {
        declarer.declare(new Fields("userid","PV"));
    }

    @Override
    public void prepare(Map stormConf, TopologyContext context,
OutputCollector collector) {
        this.collector = collector;
    }

}
```

(4) 开发 Storm 的 Bolt 任务, 完成将用户访问的 PV 统计数据存入 MySQL 数据库中, 代码如下:

```
package demo;

import java.sql.Connection;
```

```
import java.sql.DriverManager;
import java.sql.PreparedStatement;
import java.sql.SQLException;
import java.sql.Statement;
import java.util.Map;

import org.apache.storm.task.OutputCollector;
import org.apache.storm.task.TopologyContext;
import org.apache.storm.topology.OutputFieldsDeclarer;
import org.apache.storm.topology.base.BaseRichBolt;
import org.apache.storm.tuple.Tuple;

public class BlackUserListToMySQL extends BaseRichBolt {
    private static String driver = "com.mysql.jdbc.Driver";
    private static String url = "jdbc:mysql://localhost:3306/demo";
    private static String user = "root";
    private static String password = "Welcome_1";
    static{ try {
            Class.forName(driver);
        } catch (ClassNotFoundException e) {
            e.printStackTrace();}}

    public void execute(Tuple tuple) {
        int userid = tuple.getIntegerByField("userid");
        int PV = tuple.getIntegerByField("PV");
        String sql = "insert into hotuserid(userid,PV) values(
"+userid+","+PV+
") on duplicate key update PV="+PV;
        Connection conn = null;
        Statement st = null;
        try{
            conn = DriverManager.getConnection(url, user, password);
            st = conn.createStatement();
            st.execute(sql);
        }catch(Exception ex){
            ex.printStackTrace();
        }finally{
            if(st != null){
                try {
                    st.close();
                } catch (SQLException e) {
                    e.printStackTrace();}
            }
            if(conn != null){
                try {
                    conn.close();
                } catch (SQLException e) {
                    e.printStackTrace();
                }            }            }
    }

    public void prepare(Map arg0, TopologyContext arg1,
OutputCollector arg2) {
        // TODO Auto-generated method stub

    }

    public void declareOutputFields(OutputFieldsDeclarer arg0) {
        // TODO Auto-generated method stub
```

```
        }

    }
```

(5) 开发 Storm 任务的主程序，代码如下：

```java
package demo;

import java.util.Arrays;

import org.apache.storm.Config;
import org.apache.storm.LocalCluster;
import org.apache.storm.kafka.BrokerHosts;
import org.apache.storm.kafka.KafkaSpout;
import org.apache.storm.kafka.SpoutConfig;
import org.apache.storm.kafka.StringScheme;
import org.apache.storm.kafka.ZkHosts;
import org.apache.storm.spout.SchemeAsMultiScheme;
import org.apache.storm.topology.TopologyBuilder;
import org.apache.storm.topology.base.BaseWindowedBolt;
import org.apache.storm.tuple.Fields;

public class BlackUserListTopology {

    public static void main(String[] args) {
        //zookeeper 的服务器地址
        String zks = "127.0.0.1:2181";
        //消息的 topic
        String topic = "mytopic";
        //strom 在 zookeeper 上的根
        String zkRoot = "/storm";
        String id = "mytopic";
        BrokerHosts brokerHosts = new ZkHosts(zks);
        SpoutConfig spoutConf = new SpoutConfig(brokerHosts,
topic,
zkRoot, \id);
        spoutConf.scheme = new SchemeAsMultiScheme(new StringScheme());
        spoutConf.zkServers = Arrays.asList(new String[]{"127.0.0.1"});
        spoutConf.zkPort = 2181;

        TopologyBuilder builder = new TopologyBuilder();

        //指定的任务的 spout 组件，从 Kafka 中获取数据
        builder.setSpout("kafka-reader", new KafkaSpout(spoutConf));

        //指定任务的第一个 bolt 组件，解析 log 信息，进行分词
        builder.setBolt("split_blot", new BlackUserListSplitBolt())
.shuffleGrouping("kafka-reader");

        //指定任务的第二个 bolt 组件，创建窗口，计算窗口内的 hot ip
        builder.setBolt("blacklist_blot",
new BlackUserListTotalByWindowBolt()
                //窗口的长度
                    .withWindow(BaseWindowedBolt.Duration.seconds(30),
                //窗口的滑动距离
BaseWindowedBolt.Duration.seconds(10)))
        .fieldsGrouping("split_blot", new Fields("userID"));

        //指定任务的第三个 Bolt 组件，将结果写入 MySQL
```

```
        builder.setBolt("blacklist_mysql_bolt",
new BlackUserListToMySQL())
.shuffleGrouping("blacklist_blot");

        Config conf = new Config();
        //要保证超时时间大于等于窗口长度+滑动间隔长度
        conf.put("topology.message.timeout.secs", 40000);

        LocalCluster cluster = new LocalCluster();
        cluster.submitTopology("mydemo",
conf, builder.createTopology());
    }
}
```

(6) 在开发工具中直接运行程序。

(7) 当分析出用户的 PV 值后，可在 MySQL 中执行下面的查询，查看用户的详细信息，命令如下：

```
mysql> select userinfo.userid,userinfo.username,hotuserid.PV
from userinfo,hotuserid
where userinfo.userid=hotuserid.userid;
```

(8) 输出结果如图 4-4 所示。

```
+-------+--------+---+
|user_id|username| pv|
+-------+--------+---+
|      1|     tom| 15|
+-------+--------+---+
```

图 4-4　在 MySQL 中查看结果

【任务检查与评价】

完成任务实施后，进行任务检查与评价，任务检查评价表如表 4-5 所示。

表 4-5　任务检查评价表

项目名称	企业人力资源员工数据的离线分析				
任务名称	准备项目数据与环境				
评价方式	可采用自评、互评、教师评价等方式				
说　　明	主要评价学生在项目学习过程中的操作技能、理论知识、学习态度、课堂表现、学习能力等				
评价内容与评价标准					
序号	评价内容	评价标准		分值	得分
1	知识运用(20%)	掌握相关理论知识，理解本次任务要求，制订详细计划，计划条理清晰，逻辑正确(20 分)		20 分	
		理解相关理论知识，能根据本次任务要求制订合理计划(15 分)			
		了解相关理论知识，并制订了计划(10 分)			
		没有制订计划(0 分)			

续表

序号	评价内容	评价标准	分值	得分
2	专业技能 (40%)	结果验证全部满足(40 分)	40 分	
		结果验证只有一个功能不能实现，其他功能全部实现(30 分)		
		结果验证只有一个功能实现，其他功能全部没有实现(20 分)		
		结果验证所有功能均未实现(0 分)		
3	核心素养 (20%)	具有良好的自主学习能力、分析解决问题的能力，整个任务过程中指导过他人(20 分)	20 分	
		具有较好的学习能力和分析解决问题的能力，任务过程中没有指导他人(15 分)		
		能够主动学习并收集信息，有请求他人帮助解决问题的能力(10 分)		
		不主动学习(0 分)		
4	课堂纪律 (20%)	设备无损坏，无干扰课堂秩序言行(20 分)	20 分	
		无干扰课堂秩序言行(10 分)		
		有干扰课堂秩序言行(0 分)		

【任务小结】

任务二的思维导图如图 4-5 所示。

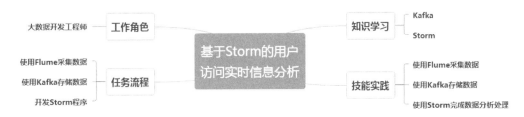

图 4-5　任务二的思维导图

在本次任务中，学生需要使用 Storm 完成对用户实时访问数据的统计分析，从而得到用户的详细信息和 PV 访问量。通过该任务，学生可以了解 Storm 实时处理的执行过程，并使用 Java 语言开发对应的处理程序。

【任务拓展】

基于本项目的业务场景和原始数据，请尝试实现以下功能。

将 Storm 程序打包成为 jar 文件，使用 storm jar 命令将其提交到 Storm 集群上运行。

任务三　基于 Spark 的用户访问数据的实时统计

【职业能力目标】

4.3 基于 Spark 的用户
访问数据的实时统计

通过本任务的学习，学生理解相关知识后，应达成以下能力目标。

(1)　对 Kafka 中存储的用户实时访问数据进行分析，并找到需要的数据信息。

(2)　根据数据分析的需求，使 Spark Streaming 与 Spark SQL 完成处理用户实时访问数据，以获取每个用户的访问量信息，即 PV(Page View)值。

(3)　然后根据存储在 HDFS 上的 userinfo 数据信息，获取用户的详细信息。

【任务描述与要求】

在实时计算中也需要对实时数据进行清洗以得到干净的数据，但由于实时计算的特殊性，它与离线计算的数据清洗所不同的是，可以将数据清洗的逻辑直接放在数据分析处理前，而不需要单独开发一个模块。

为了得到需要的数据，可以使用 Spark Streaming 与 Spark SQL 对的数据进行分析和处理。基于用户实时访问数据分析得到每个用户的访问量信息，即 PV(Page View)值。然后根据存储在 MySQL 数据库中的 userinfo 表信息，获取用户的详细信息。

【知识储备】

参考项目三任务三中知识储备的内容。

【任务计划与决策】

用户实时访问数据的实时分析

(1)　使用各种实时计算引擎完成数据的分析与处理。

(2)　能够使用 Spark Streaming 与 Spark SQL 进行数据的分析与处理。

【任务实施】

(1)　创建 Scala 的 Maven 工程，其对应的 pom.xml 文件内容如下：

```
<project xmlns="http://maven.apache.org/POM/4.0.0"
xmlns:xsi="http://www.w3.org/2001/XMLSchema-instance"
xsi:schemaLocation="http://maven.apache.org/POM/4.0.0
http://maven.apache.org/xsd/maven-4.0.0.xsd">
 <modelVersion>4.0.0</modelVersion>
 <groupId>demo</groupId>
 <artifactId>ProjectV3</artifactId>
 <version>0.0.1-SNAPSHOT</version>

  <properties>
```

```
        <spark.version>2.3.2</spark.version>
        <scala.version>2.11</scala.version>
    </properties>

    <dependencies>
        <dependency>
            <groupId>org.apache.spark</groupId>
            <artifactId>spark-core_${scala.version}</artifactId>
            <version>${spark.version}</version>
        </dependency>
        <dependency>
            <groupId>org.apache.spark</groupId>
            <artifactId>spark-streaming_${scala.version}</artifactId>
            <version>${spark.version}</version>
        </dependency>
        <dependency>
            <groupId>org.apache.spark</groupId>
            <artifactId>spark-sql_${scala.version}</artifactId>
            <version>${spark.version}</version>
        </dependency>
         <dependency>
            <groupId>org.apache.spark</groupId>
            <artifactId>spark-streaming-kafka-0-8_2.11</artifactId>
            <version>${spark.version}</version>
         </dependency>
    </dependencies>
</project>
```

(2) 在 HDFS 上创建目录 user，并将用户数据 userinfo.txt 上传至该目录下，命令如下：

```
hdfs dfs -mkdir /user
hdfs dfs -put userinfo.txt /user
```

(3) 使用 Spark Streaming 结合 Spark SQL 进行实时用户的访问数据，代码如下：

```
package demo

import org.apache.spark.SparkConf
import org.apache.spark.SparkContext
import org.apache.spark.sql.SQLContext
import java.lang.Double
import org.apache.log4j.Logger
import org.apache.log4j.Level
import org.apache.spark.sql.SparkSession
import org.apache.spark.SparkConf
import org.apache.spark.streaming.StreamingContext
import org.apache.spark.streaming.Seconds
import org.apache.spark.streaming.kafka.KafkaUtils
import org.apache.spark.streaming.Time
import org.apache.spark.rdd.RDD

object BlackUserList {
  def main(args: Array[String]): Unit = {
    Logger.getLogger("org.apache.spark").setLevel(Level.ERROR)
    Logger.getLogger("org.eclipse.jetty.server").setLevel(Level.OFF)


    //创建 StreamingContext
```

```
    val conf = new SparkConf().setAppName("BlackUserList")
.setMaster("local[2]")
    val sc = new SparkContext(conf)
    val ssc = new StreamingContext(sc,Seconds(10))

    //创建 SQLContext
    val sqlContext = new SQLContext(ssc.sparkContext)
    //导入 SparkSQL 的隐式转换
    import sqlContext.implicits._

    //得到用户信息表
    val userInfo = sc.textFile("hdfs://127.0.0.1:9000/user")
.map(_.split(","))
.map(x=>new UserInfo(x(0).toInt,x(1))).toDF
    userInfo.createOrReplaceTempView("userinfo")

    //创建一个 Kafka 的 DStream
    //注意：由于 Kafka 版本的问题，接收 Kafka 的数据需要使用 Receiver 方式
//每次从这个 topic 中接收一条消息
    val topic = Map("mytopic" -> 1)

    //   消费者组
    val kafkaStream = KafkaUtils.createStream(ssc,
"127.0.0.1:2181",
"mygroup",topic)
    //获取到的 Kafka 的消息是<key value>

    //执行窗口计算：每隔 10 秒，统计过去 30 秒的用户的 PV 值
    val logRDD = kafkaStream.map(_._2)

    //取出用户的 ID，并且记一次数
    //x(0)表示用户的 ID
    val hotUserID = logRDD.map(_.split(",")).map(x=>(x(0),1))
                   .reduceByKeyAndWindow((a:Int,b:Int)=> a+b,
Seconds(30)
,Seconds(10))

    //黑名单的规则：PV 值大于 10
    val result = hotUserID.filter(x=> x._2 > 10)
    result.foreachRDD(rdd => {

//集成 Spark SQL
    val hotUserIDDF = rdd.map(x=> HotUserID(x._1.toInt,x._2 )).toDF
    hotUserIDDF.createOrReplaceTempView("hotuserid")

    var sql = "select userinfo.user_id,userinfo.username,hotuserid.pv
from userinfo,hotuserid"
    sql = sql + " where userinfo.user_id=hotuserid.user_id"

    sqlContext.sql(sql).show
    })

    ssc.start()
    ssc.awaitTermination()
  }
}
```

```
//定义两张表
//用户表
case class UserInfo(user_Id:Int,username:String)

//用户的点击日志
case class HotUserID(user_id:Int,PV:Int)
```

(4)　在 IDE 开发工具中运行程序，输出的结果如图 4-6 所示。

```
+-------+--------+---+
|user_id|username| pv|
+-------+--------+---+
|      1|     tom| 15|
+-------+--------+---+
```

图 4-6　在 IDE 中查看输出结果

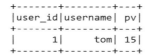【任务检查与评价】

完成任务实施后，进行任务检查与评价，任务检查评价表如表 4-6 所示。

表 4-6　任务检查评价表

项目名称	企业人力资源员工数据的离线分析			
任务名称	准备项目数据与环境			
评价方式	可采用自评、互评、教师评价等方式			
说　明	主要评价学生在项目学习过程中的操作技能、理论知识、学习态度、课堂表现、学习能力等			
评价内容与评价标准				
序号	评价内容	评价标准	分值	得分
1	知识运用(20%)	掌握相关理论知识，理解本次任务要求，制订详细计划，计划条理清晰，逻辑正确(20 分)	20 分	
		理解相关理论知识，能根据本次任务要求制订合理计划(15 分)		
		了解相关理论知识，并制订了计划(10 分)		
		没有制订计划(0 分)		
2	专业技能(40%)	结果验证全部满足(40 分)	40 分	
		结果验证只有一个功能不能实现，其他功能全部实现(30 分)		
		结果验证只有一个功能实现，其他功能全部没有实现(20 分)		
		结果验证所有功能均未实现(0 分)		
3	核心素养(20%)	具有良好的自主学习能力、分析解决问题的能力，整个任务过程中指导过他人(20 分)	20 分	
		具有较好的学习能力和分析解决问题的能力，任务过程中没有指导他人(15 分)		
		能够主动学习并收集信息，有请求他人帮助解决问题的能力(10 分)		
		不主动学习(0 分)		
4	课堂纪律(20%)	设备无损坏，无干扰课堂秩序言行(20 分)	20 分	
		无干扰课堂秩序言行(10 分)		
		有干扰课堂秩序言行(0 分)		

【任务小结】

任务三的思维导图如图 4-7 所示。

图 4-7　任务三的思维导图

在本次任务中，学生需要使用 Spark Streaming 与 Spark SQL 完成对用户实时访问数据的统计分析，从而得到用户的详细信息和 PV 访问量。通过该任务，学生可以了解 Spark Streaming 与 Spark SQL 实时处理的执行过程，并使用 Scala 与 SQL 语言开发对应的处理程序。

【任务拓展】

基于本项目的业务场景和原始数据，请尝试实现以下功能。

将 Spark Streaming 程序打包成为 jar 文件，使用 spark-submit 命令将其提交到 Spark 集群上运行。

项目五

基于大数据平台的
推荐系统

推荐系统是通过挖掘用户与项目(物品)之间的二元关系，帮助用户从大量数据中发现其可能感兴趣的项目(物品)如网页、服务、商品、人等，并生成个性化推荐以满足个性化需求。

电商推荐系统一般是电商的核心系统，通过推荐系统，可以提升电商整体的转换率，解决商品销售的过程中的"长尾问题"。电商系统实现一般包括：猜你可能喜欢，看了又看，买了又买等。

任务一　基于用户和物品的推荐系统

5.1 基于用户和物品
的推荐系统

●【职业能力目标】

根据用户-物品-评分的样本数据，使用 Spark MLlib 中提供的基于用户和基于物品的协同过滤算法实现商品的推荐。

●【任务描述与要求】

掌握基于用户和基于物品的协同过滤算法核心原理，并开发 Spark MLlib 应用程序完成商品的推荐。

●【知识储备】

一、推荐系统的典型架构

推荐系统的典型架构如图 5-1 所示。

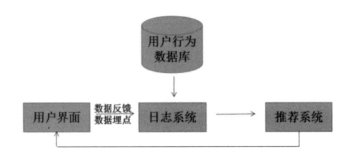

图 5-1　推荐系统的典型架构

二、协同过滤的推荐算法

协同过滤算法(Collaborative Filtering，CF)是很常用的一种算法，在很多电商网站上都有用到。CF 算法包括基于用户(user)的 CF(User-based CF)和基于物品(Item)的 CF(Item-based CF)。

(1) 基于用户的 CF 原理如下。

① 分析各个用户对 item 的评价(通过浏览记录、购买记录等)。

② 依据用户对 item 的评价计算得出所有用户之间的相似度。

③ 选出与当前用户最相似的 N 个用户。

④ 将这 N 个用户评价最高且当前用户又没有浏览过的 item 推荐给当前用户。

⑤ 基于用户的 CF 原理如图 5-2 所示。

(2) 基于物品的 CF 原理如下。

① 基于物品的 CF 原理大同小异，只是主体在于物品。

② 分析各个用户对 item 的浏览记录。

③ 依据浏览记录分析得出所有 item 之间的相似度。

④ 对于当前用户评价高的 item，找出与之相似度最高的 N 个 item。

⑤ 将这 N 个 item 推荐给用户。

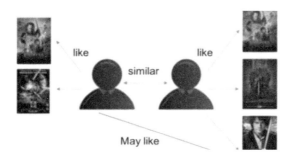

图 5-2 基于用户的 CF 原理

基于物品的 CF 原理如图 5-3 所示。

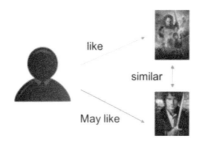

图 5-3 基于物品的 CF 原理

三、相似度矩阵

相似度矩阵如图 5-4 所示。

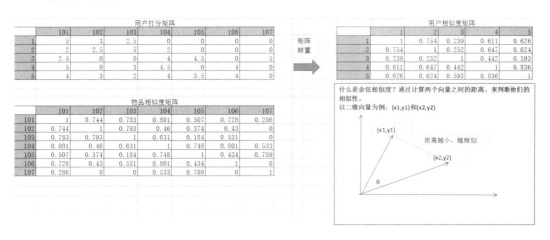

图 5-4 相似度矩阵

在计算距离的时候，常见的计算方式有欧式距离和余弦相似度。

1. 欧式距离

类名：EuclideanDistanceSimilarity。

原理：利用欧式距离 d 定义的相似度。

范围：[0,1]，值越大，说明 d 越小，也就是距离越近，则相似度越大。

2. 余弦相似度

类名：UncenteredCosineSimilarity。

原理：多维空间两点与所设定的点形成夹角的余弦值。

范围：[-1,1]，值越大，说明夹角越大，两点相距就越远，相似度就越小。

四、Spark MLlib 库

Spark MLlib(Machine Learnig lib) 是 Spark 对常用的机器学习算法的实现库，同时包括相关的测试和数据生成器。Spark 的设计初衷就是为了支持一些迭代的 Job，这正好符合很多机器学习算法的特点。

Spark MLlib 目前支持 4 种常见的机器学习问题: 分类、回归、聚类和协同过滤。Spark MLlib 基于 RDD，天生就可以与 Spark SQL、GraphX、Spark Streaming 无缝集成，以 RDD 为基石，4 个子框架可联手构建大数据计算中心。

图 5-5 所示为 MLlib 算法库的核心内容。

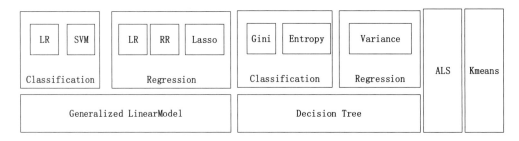

图 5-5　MLlib 算法库

在 pom.xml 文件中，加入如下的依赖：

```xml
<dependency>
    <groupId>org.apache.spark</groupId>
    <artifactId>spark-mllib_${scala.version}</artifactId>
    <version>${spark.version}</version>
</dependency>
```

◉【任务计划与决策】

典型的用户-物品-评分数据(ratingdata.txt)中包含的内容如下：

```
1,1,4
1,3,4
1,6,4
1,47,5
1,50,5
```

```
1,70,3
1,101,5
1,110,4
1,151,5
1,157,5
......
```

💡 提示：ratingdata.txt 样本数据中包含了三个字段，分别是用户 ID、物品 ID 和评分，一共 100 836 条数据。

【任务实施】

(1) 创建 Scala 的 Maven 工程，其对应的 pom.xml 文件内容如下：

```xml
<project xmlns="http://maven.apache.org/POM/4.0.0"
xmlns:xsi="http://www.w3.org/2001/XMLSchema-instance"
    xsi:schemaLocation="http://maven.apache.org/POM/4.0.0
http://maven.apache.org/xsd/maven-4.0.0.xsd">
    <modelVersion>4.0.0</modelVersion>
    <groupId>demo</groupId>
    <artifactId>ProjectV3</artifactId>
    <version>0.0.1-SNAPSHOT</version>

    <properties>
        <spark.version>2.3.2</spark.version>
        <scala.version>2.11</scala.version>
    </properties>

    <dependencies>
        <dependency>
            <groupId>org.apache.spark</groupId>
            <artifactId>spark-core_${scala.version}</artifactId>
            <version>${spark.version}</version>
        </dependency>
        <dependency>
            <groupId>org.apache.spark</groupId>
            <artifactId>spark-streaming_${scala.version}</artifactId>
            <version>${spark.version}</version>
        </dependency>
        <dependency>
            <groupId>org.apache.spark</groupId>
            <artifactId>spark-sql_${scala.version}</artifactId>
            <version>${spark.version}</version>
        </dependency>
        <dependency>
            <groupId>org.apache.spark</groupId>
            <artifactId>spark-streaming-kafka-0-8_2.11</artifactId>
            <version>${spark.version}</version>
        </dependency>
        <dependency>
            <groupId>org.apache.spark</groupId>
            <artifactId>spark-mllib_${scala.version}</artifactId>
            <version>${spark.version}</version>
```

```
            </dependency>
        </dependencies>
</project>
```

(2) 开发 UserBase.scala 程序完成基于用户的协调过滤推荐。

💡 **提示**：这里样本数据 ratingdata.txt 存放到本地的 D:\temp 目录下，也可以存放在 HDFS 中。

程序代码如下：

```
package demo

import org.apache.spark.mllib.linalg.distributed.CoordinateMatrix
import org.apache.spark.mllib.linalg.distributed.MatrixEntry
import org.apache.spark.rdd.RDD
import org.apache.spark.SparkConf
import org.apache.spark.SparkContext
import org.apache.log4j.Logger
import org.apache.log4j.Level


object UserBase {
  def main(args: Array[String]): Unit = {
    Logger.getLogger("org.apache.spark").setLevel(Level.ERROR)
    Logger.getLogger("org.eclipse.jetty.server").setLevel(Level.OFF)

    val conf = new SparkConf().setAppName("UserBaseModel")
                              .setMaster("local")
    val sc = new SparkContext(conf)
    val data = sc.textFile("D:\\temp\\ratingdata.txt")

    /*MatrixEntry 代表一个分布式矩阵中的每一行(Entry)
     * 这里的每一项都是一个(i: Long, j: Long, value: Double)
         * 指示行列值的元组 tuple。
     * 其中 i 是行坐标，j 是列坐标，value 是值。*/
    val parseData: RDD[MatrixEntry] =
      data.map(_.split(",") match {
        case Array(user, item, rate) =>
        MatrixEntry(user.toLong, item.toLong, rate.toDouble) })

    //CoordinateMatrix 是 Spark MLLib 中专门保存用户-物品-评分
    val ratings = new CoordinateMatrix(parseData)
    //ratings.entries.foreach(println)

    //转置矩阵，计算用户相似度
    val rowMatrix = ratings.transpose.toRowMatrix()
    val similarity = rowMatrix.columnSimilarities()
    //similarity.entries.collect().foreach(println)

    //得到用户 1 相对于其他用户的相似性(即权重)
        //降序排列：value 越大，表示相似度越高
    //如果要取出与用户 1 最相近的两个用户，只需用 take(2)
```

```
val weights =similarity.entries.filter(_.i==1)
    .sortBy(_.value,false).map(x=>(x.j,x.value)).collect()

println("用户1相对于其他用户的相似性")
for(s <- weights) println("用户ID: " + s._1 +"\t 相似度 : "+ s._2)

//得到用户1购买过的商品(评价过的商品)
val productOfUser1 = ratings.entries.filter(_.i==1).map(_.j)
println("得到用户1购买过的商品")
productOfUser1.foreach(println)

//将用户1购买过,但其他用户没有购买过的商品,进行推荐
for(otherUser <- weights){
  println("********************************")
  val userID =otherUser._1
  println("给用户: "+ userID + " 推荐商品")
  //得到该用户购买过的商品
  val productOfOtherUser =
ratings.entries.filter(_.i==userID).map(_.j)

  //将用户1购买过的,但该用户没有购买过的商品,推荐给这个用户
  val recommdProductList =
        productOfUser1.subtract(productOfOtherUser)
  recommdProductList.foreach(
        productID =>{println("推荐的商品是: "+productID)})
  }
 }
}
```

(3) 在本地环境中直接运行程序代码,输出的结果如下:

```
********************************
给用户: 266 推荐商品
推荐的商品是: 1024
推荐的商品是: 2048
推荐的商品是: 1025
推荐的商品是: 3
推荐的商品是: 1029
推荐的商品是: 1030
......
```

(4) 输出结果的截图如图5-6所示。

图5-6 基于用户的推荐结果

(5) 开发 ItemBase.scala 程序完成基于物品的协调过滤推荐，代码如下：

```scala
package demo

import org.apache.spark.mllib.linalg.distributed.CoordinateMatrix
import org.apache.spark.mllib.linalg.distributed.MatrixEntry
import org.apache.spark.rdd.RDD
import org.apache.spark.SparkConf
import org.apache.spark.SparkContext
import org.apache.log4j.Logger
import org.apache.log4j.Level
import org.apache.spark.mllib.linalg.distributed.RowMatrix

object ItemBase {
  def main(args: Array[String]): Unit = {
    Logger.getLogger("org.apache.spark").setLevel(Level.ERROR)
    Logger.getLogger("org.eclipse.jetty.server").setLevel(Level.OFF)

    val conf = new SparkConf()
.setAppName("UserBaseModel").setMaster("local")
    val sc = new SparkContext(conf)
    val data = sc.textFile("D:\\temp\\ratingdata.txt")

    /*MatrixEntry 代表一个分布式矩阵中的每一行(Entry)
     * 这里的每一项都是一个(i: Long, j: Long, value: Double)
     * 指示行列值的元组 tuple。
     * 其中 i 是行坐标，j 是列坐标，value 是值。*/
    val parseData: RDD[MatrixEntry] = data.map(_.split(",")
       match { case Array(user, item, rate) =>
             MatrixEntry(user.toLong, item.toLong, rate.toDouble) })

    //CoordinateMatrix 是 Spark MLLib 中专门保存
//user_item_rating 这种数据样本的
    val ratings = new CoordinateMatrix(parseData)

    /* 由于 CoordinateMatrix 没有 columnSimilarities 方法，
     * 所以，我们需要将其转换成 RowMatrix 矩阵，
     * 调用它的 columnSimilarities 计算其相似性
     * RowMatrix 的方法 columnSimilarities 是计算
     * 列与列的相似度，现在是 user_item_rating，
     * 需要转置(transpose)成 item_user_rating,这样才是用户的相似*/
    val matrix: RowMatrix = ratings.toRowMatrix()

    //计算物品的相似性，并输出
    val similarities = matrix.columnSimilarities()
    //println("物品相似性矩阵")
    //similarities.entries.collect().foreach(println)

    //举例：找到与 101 号商品最相似的三个商品
```

```
val weights =similarities.entries.filter(_.i==101)
           .sortBy(_.value,false).map(x=>(x.j,x.value)).take(3)
//println("\n\n 与 101 号商品最相似的三个商品")
//for(s <- weights) println("商品 ID: " + s._1 +"\t 相似度 : "+ s._2)


//得到购买过 101 号商品的所有用户
val usersOfProduct101 = ratings.transpose().
                   entries.filter(_.i==101).map(_.j)
//println("\n\n\n 得到购买过 101 号商品的所有用户")
//usersOfProduct101.foreach(println)


//println("\n\n")

//基于物品进行推荐，即把与 101 号物品最相似，但用户又没有买过的商品推荐给用户
for(w <- weights){
  //取出商品 ID
  val productID = w._1
  println("********************************")
  println("把商品: "+ productID + " 推荐用户")

  //得到购买过该商品的所有用户
  val userofProductID = ratings.entries
.filter(_.j==productID).map(_.i)

  //得到购买过 101 号商品，但是没有买过该商品的用户，则把这个商品推荐给该用户
  val recommdProductList =
     usersOfProduct101.subtract(userofProductID)

  recommdProductList.foreach(productID
        =>{println("推荐的用户 ID 是: "+productID)})
  }
 }
}
```

(6) 在本地环境中直接运行程序代码，输出的结果如下：

```
********************************
把商品: 2395 推荐用户
推荐的用户 ID 是: 448
推荐的用户 ID 是: 103
推荐的用户 ID 是: 500
推荐的用户 ID 是: 567
推荐的用户 ID 是: 600
推荐的用户 ID 是: 313
推荐的用户 ID 是: 221
......
```

(7) 输出结果的截图如图 5-7 所示。

```
*******************************
把商品：2395 推荐用户
推荐的用户ID是：448
推荐的用户ID是：103
推荐的用户ID是：500
推荐的用户ID是：567
推荐的用户ID是：600
推荐的用户ID是：313
推荐的用户ID是：221
*******************************
```

图 5-7　基于物品的推荐结果

【任务检查与评价】

完成任务实施后，进行任务检查与评价，任务检查评价表如表 5-1 所示。

表 5-1　任务检查评价表

项目名称	企业人力资源员工数据的离线分析		
任务名称	准备项目数据与环境		
评价方式	可采用自评、互评、教师评价等方式		
说　明	主要评价学生在项目学习过程中的操作技能、理论知识、学习态度、课堂表现、学习能力等		
评价内容与评价标准			
序号	评价内容	评价标准	分值	得分
---	---	---	---	---
1	知识运用(20%)	掌握相关理论知识，理解本次任务要求，制订详细计划，计划条理清晰，逻辑正确(20分) 理解相关理论知识，能根据本次任务要求制订合理计划(15分) 了解相关理论知识，并制订了计划(10分) 没有制订计划(0分)	20分	
2	专业技能(40%)	结果验证全部满足(40分) 结果验证只有一个功能不能实现，其他功能全部实现(30分) 结果验证只有一个功能实现，其他功能全部没有实现(20分) 结果验证所有功能均未实现(0分)	40分	
3	核心素养(20%)	具有良好的自主学习能力、分析解决问题的能力，整个任务过程中指导过他人(20分) 具有较好的学习能力和分析解决问题的能力，任务过程中没有指导他人(15分) 能够主动学习并收集信息，有请求他人帮助解决问题的能力(10分) 不主动学习(0分)	20分	
4	课堂纪律(20%)	设备无损坏，无干扰课堂秩序言行(20分) 无干扰课堂秩序言行(10分) 有干扰课堂秩序言行(0分)	20分	

【任务小结】

任务一的思维导图如图 5-8 所示。

图 5-8　任务一的思维导图

在本次任务中，学生需要开发 Spark MLlib 的 Scala 程序完成商品信息的推荐。通过该任务，学生可以掌握基于用户和基于物品的协同过滤算法的基本原理和应用程序的开发。

【任务拓展】

基于本项目的业务场景和原始数据，请尝试实现以下功能。

将样本数据存放到 HDFS 中，并使用 Spark MLlib 中基于用户和基于物品的协同过滤算法完成商品的推荐。

任务二　基于 ALS 的推荐系统

5.2 基于 ALS 的
推荐系统

【职业能力目标】

根据用户–物品–评分的样本数据，使用 Spark MLlib 中提供的基于 ALS 的协同过滤算法实现商品的推荐。

【任务描述与要求】

掌握基于 ALS 的协同过滤算法核心原理，并开发 Spark MLlib 应用程序完成商品的推荐。

【知识储备】

以下我们将学习基于 ALS 协同过滤的推荐算法。ALS 是交替最小二乘 (alternating least squares) 的简称。ALS 算法是 2008 年以来用得比较多的协同过滤算法。它已经集成到 Spark 的 MLlib 库中，使用起来比较方便。从协同过滤的分类来说，ALS 算法属于 User-Item CF，也叫作混合 CF。它同时考虑了 User 和 Item 两个方面，即用户和物品。

用户和商品的关系，可以抽象为三元组：<User,Item,Rating>。其中，Rating 是用户对商品的评分，表征用户对该商品的喜好程度。

假设我们有一批用户数据，其中包含 m 个 User 和 n 个 Item，则我们定义 Rating 矩阵，其中的元素表示第 u 个 User 对第 i 个 Item 的评分。在实际使用中，由于 n 和 m 的数量都十分巨大，因此 R 矩阵的规模很容易就会突破 1 亿项。此时，传统的矩阵分解方法对于这么大的数据量已经是很难处理了。另一方面，一个用户也不可能给所有商品评分，因此 R 矩阵注定是个稀疏矩阵。矩阵中所缺失的评分，又叫作 missing item。

ALS 算法举例说明如下。

(1) 图 5-9 所示的 R 矩阵表示：观众对电影的喜好，即打分的情况。注意：实际情况下，这个矩阵可能非常庞大，并且是一个稀疏矩阵。

	阿凡达	阿甘正传	肖申克的救赎	美丽心灵	万圣节8
观众1	7	7	5		4
观众2		1			
观众3	4		6		4
观众4		7		4	
观众5		5			6

图 5-9　用户打分的 R 矩阵

(2) 此时，我们可以把这个大的稀疏 R 矩阵拆分成两个小矩阵——U 矩阵和 V 矩阵。通过 U 矩阵和 V 矩阵来近似表示 R 矩阵，如图 5-10 所示。

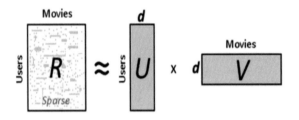

图 5-10　矩阵拆分

其中：U 矩阵代表用户的特征，包括性格、文化程度、兴趣爱好三个维度，如图 5-11 所示。

	性格	文化程度	兴趣爱好
观众1	U_{11}	U_{12}	U_{13}
观众2	U_{21}	U_{22}	U_{23}
观众3	U_{31}	U_{32}	U_{33}
观众4	U_{41}	U_{42}	U_{43}
观众5	U_{51}	U_{52}	U_{53}

图 5-11　用户矩阵

V 矩阵代表电影的特征，也包括性格、文化程度、兴趣爱好三个维度，如图 5-12 所示。

	阿凡达	阿甘正传	肖申克救赎	美丽心灵	万圣节8
性格	V_{11}	V_{12}	V_{13}	V_{14}	V_{15}
文化程度	V_{21}	V_{22}	V_{23}	V_{24}	V_{25}
兴趣爱好	V_{31}	V_{32}	V_{33}	V_{34}	V_{35}

图 5-12　电影矩阵

(3) 这样，U 矩阵和 V 矩阵的乘积，近似表示 R 矩阵。

(4) 但是，这样的表示是存在误差的，因为对于一个 U 矩阵来说，我们并不可能说(性格、文化程度、兴趣爱好)这三个属性就代表着一个人对一部电影评价全部的属性，比如还有地域等因素。这个误差，我们用 RMSE(均方根误差)表示，如图 5-13 所示。

观众\电影	变形金刚	阿凡达	侏罗纪	星球大战	蜘蛛侠
观众1	8			1	
观众2					2
观众3		5			
观众4			3		
观众5				4	

假设：有10000个观众和1000部电影
这时候，这个矩阵就是一个非常庞大的稀疏矩阵（存在很多空值）。
ALS推荐算法：就是要解决如何利用稀疏矩阵，计算用户或者物品的相似度。
思想类似于 MapReduce。

将上面的矩阵拆分为下面的两个矩阵

用户特征矩阵

	年龄	性别	文化程度	爱好	月收入
观众1	20	男	大学	看书	1000
观众2					
观众3					
观众4					
观众5					

电影的特征矩阵

	变形金刚	阿凡达	侏罗纪	星球大战	蜘蛛侠
年龄（10～20岁）	10				
性别（男）	8				
文化程度（大学）	9				
爱好（看书）	5				
月收入（1000～2000）	3				

注意：
1、拆分的方式有很多种，所以存在一定的误差。
2、通过不同的拆分方式，使得均方根误差（RMSE）最小。
3、寻找最佳拆分方式的过程，叫做训练模型。

图 5-13　拆分后的结果

【任务计划与决策】

以下展示了典型的用户-物品-评分数据(ratingdata.txt)中包含的内容：

```
1,101,5.0
1,102,3.0
1,103,2.5
2,101,2.0
2,102,2.5
2,103,5.0
2,104,2.0
3,101,2.5
......
```

提示：ratingdata.txt 样本数据中包含了三个字段，分别是：用户 ID、物品 ID 和评分。

【任务实施】

(1) 创建 Scala 的 Maven 工程，其对应的 pom.xml 文件内容如下：

```xml
<project xmlns="http://maven.apache.org/POM/4.0.0"
xmlns:xsi="http://www.w3.org/2001/XMLSchema-instance"
    xsi:schemaLocation="http://maven.apache.org/POM/4.0.0
http://maven.apache.org/xsd/maven-4.0.0.xsd">
    <modelVersion>4.0.0</modelVersion>
    <groupId>demo</groupId>
    <artifactId>ProjectV3</artifactId>
    <version>0.0.1-SNAPSHOT</version>

    <properties>
        <spark.version>2.3.2</spark.version>
```

```
            <scala.version>2.11</scala.version>
    </properties>

    <dependencies>
        <dependency>
            <groupId>org.apache.spark</groupId>
            <artifactId>spark-core_${scala.version}</artifactId>
            <version>${spark.version}</version>
        </dependency>
        <dependency>
            <groupId>org.apache.spark</groupId>
            <artifactId>spark-streaming_${scala.version}</artifactId>
            <version>${spark.version}</version>
        </dependency>
        <dependency>
            <groupId>org.apache.spark</groupId>
            <artifactId>spark-sql_${scala.version}</artifactId>
            <version>${spark.version}</version>
        </dependency>
        <dependency>
            <groupId>org.apache.spark</groupId>
            <artifactId>spark-streaming-kafka-0-8_2.11</artifactId>
            <version>${spark.version}</version>
        </dependency>
        <dependency>
            <groupId>org.apache.spark</groupId>
            <artifactId>spark-mllib_${scala.version}</artifactId>
            <version>${spark.version}</version>
        </dependency>
    </dependencies>
</project>
```

(2) 开发 ALSDemo.scala 程序完成基于用户的协调过滤推荐。

💡 提示：这里的代码将完成给 1 号用户推荐相应的商品信息。

```scala
package demo

import org.apache.log4j.Logger
import org.apache.log4j.Level
import org.apache.spark.SparkConf
import org.apache.spark.SparkContext
import org.apache.spark.mllib.recommendation.Rating
import scala.io.Source
import org.apache.spark.mllib.recommendation.MatrixFactorizationModel
import org.apache.spark.mllib.recommendation.ALS
import org.apache.spark.mllib.recommendation.Rating
import org.apache.spark.rdd.RDD

object ALSDemo {
  def main(args: Array[String]): Unit = {
    Logger.getLogger("org.apache.spark").setLevel(Level.ERROR)
    Logger.getLogger("org.eclipse.jetty.server").setLevel(Level.OFF)

    val sparkConf = new SparkConf().setAppName("ALSDemo")
                        .setMaster("local[2]")
```

```
    val sc = new SparkContext(sparkConf)

    // 载入评级数
    val rawData = sc.textFile("D:\\temp\\ratingdata.txt")
    val rawRatings = rawData.map(_.split(","))


    //接下来，需要将评分矩阵 RDD 转化为 Rating 格式的 RDD
    val ratings = rawRatings.map { case Array(user, movie, rating) =>
        Rating(user.toInt, movie.toInt, rating.toDouble) }
    /*
     * 接下来，可以进行 ALS 推荐系统模型训练。MLlib 中的 ALS 算法接收以下 3 个参数：
     * rank: 对应的是隐因子的个数，这个值设置越高越准，
     *           但是也会产生更多的计算量。一般将这个值设置为10-200；
     * iterations: 对应迭代次数，一般设置 10 个就够了；
     * lambda: 该参数控制正则化过程，其值越高，正则化程度就越深。一般设置为 0.01。
     */
    // 启动 ALS 矩阵分解
    //val model = ALS.train(ratings, 3, 5)
    val model = ALS.train(ratings, 10, 5)

    //使用 ALS 推荐模型
    //为用户 1，推荐 2 两个商品
    val list = model.recommendProducts(1, 2)

    // 打印推荐列表
    println(list.mkString("\n"))

    val rmse = computeRMSE(model, ratings, ratings.count())
    println("误差是: " + rmse)
  }

    //计算 RMSE
  def computeRMSE(model: MatrixFactorizationModel,
            data: RDD[Rating], n: Long): Double = {

    val predictions: RDD[Rating] = model.predict((
        data.map(x => (x.user, x.product))))

    val predictionsAndRating = predictions.map {
      x => ((x.user, x.product), x.rating)
    }.join(data.map(x => ((x.user, x.product), x.rating))).values

    math.sqrt(predictionsAndRating.map(x =>
      (x._1 - x._2) * (x._1 - x._2)).reduce(_ + _) / n)
  }
}
```

(3) 在本地环境中直接运行程序代码，输出的结果如下：

```
Rating(1,177593,6.8729704378890135)
Rating(1,2867,6.730430856985655)
误差是: 0.5334730206756946
```

(4) 输出结果的截图如图 5-14 所示。

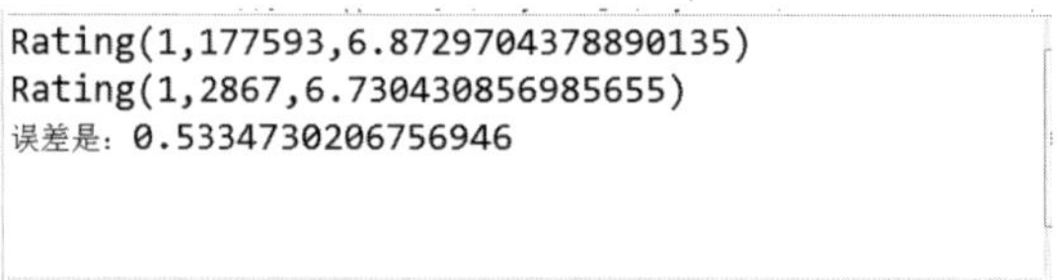

```
Rating(1,177593,6.8729704378890135)
Rating(1,2867,6.730430856985655)
误差是: 0.5334730206756946
```

图 5-14　输出结果

◉【任务检查与评价】

完成任务实施后，进行任务检查与评价，任务检查评价表如表 5-2 所示。

表 5-2　任务检查评价表

项目名称	企业人力资源员工数据的离线分析			
任务名称	准备项目数据与环境			
评价方式	可采用自评、互评、教师评价等方式			
说　　明	主要评价学生在项目学习过程中的操作技能、理论知识、学习态度、课堂表现、学习能力等			
评价内容与评价标准				
序号	评价内容	评价标准	分值	得分
1	知识运用(20%)	掌握相关理论知识，理解本次任务要求，制订详细计划，计划条理清晰，逻辑正确(20 分)	20 分	
		理解相关理论知识，能根据本次任务要求制订合理计划(15 分)		
		了解相关理论知识，并制订了计划(10 分)		
		没有制订计划(0 分)		
2	专业技能(40%)	结果验证全部满足(40 分)	40 分	
		结果验证只有一个功能不能实现，其他功能全部实现(30 分)		
		结果验证只有一个功能实现，其他功能全部没有实现(20 分)		
		结果验证所有功能均未实现(0 分)		
3	核心素养(20%)	具有良好的自主学习能力、分析解决问题的能力，整个任务过程中指导过他人(20 分)	20 分	
		具有较好的学习能力和分析解决问题的能力，任务过程中没有指导他人(15 分)		
		能够主动学习并收集信息，有请求他人帮助解决问题的能力(10 分)		
		不主动学习(0 分)		
4	课堂纪律(20%)	设备无损坏，无干扰课堂秩序言行(20 分)	20 分	
		无干扰课堂秩序言行(10 分)		
		有干扰课堂秩序言行(0 分)		

⊙【任务小结】

任务二的思维导图如图 5-15 所示。

图 5-15 任务二的思维导图

在本次任务中，学生需要开发 Spark MLlib 的 Scala 程序完成商品信息的推荐。通过该任务，学生可以掌握基于 ALS 的协同过滤算法的基本原理和应用程序的开发。

⊙【任务拓展】

基于本项目的业务场景和原始数据，请尝试实现以下功能。

将样本数据存放到 HDFS 中，并使用 Spark MLlib 中基于 ALS 的协同过滤算法完成商品的推荐。

项目六

基于 CDC(获取数据变更)的实时数据采集

CDC(Change Data Capture，即变化数据捕捉)，是数据库进行备份的一种方式，常用于大量数据的备份工作。CDC 分为入侵式的和非入侵式的备份方法，入侵式的有基于触发器备份、基于时间戳备份、基于快照备份；非入侵式的备份方法是基于日志的备份。MySQL基于日志的 CDC 需要开启 mysql binary log。

图 6-1 所示为项目六的整体架构。

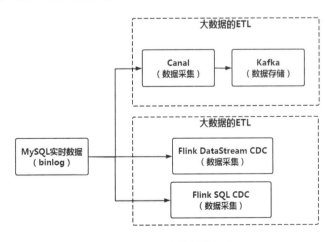

图 6-1　项目六的整体架构

任务一　基于 Canal 完成 MySQL 实时数据的采集

【职业能力目标】

搭建 Canal 实验环境，并完成对 MySQL 实时数据的采集。

6.1 基于 Canal
完成 MySQL 实时
数据的采集

【任务描述与要求】

掌握 Canal 的架构体系，完成基于 MySQL binlog 日志完成 MySQL 实时数据的采集。并集成 Kafka 将采集到的数据输出到 Kafka 中。

【知识储备】

一、MySQL 主从复制实现

主从复制(AB复制)允许将来自一个 MySQL 数据库服务器(主服务器)的数据复制到一个或多个 MySQL 数据库服务器(从服务器)。根据参数文件的配置，可以复制数据库中的所有数据库，所选数据库甚至选定的表。

MySQL 中复制的优点如下。

(1) 横向扩展解决方案。在多个从站之间分配负载以提高性能。在此环境中，所有写入和更新都必须在主服务器上进行。但是，读取可以在一个或多个从设备上进行。该模型可以提高写入性能(因为主设备专用于更新)，并且显著提高了越来越多的从设备的读取速度。

(2) 数据安全性。因为数据被复制到从站，并且从站可以暂停复制过程，所以可以在从站上运行备份服务而不会破坏相应的主数据。

(3) 分析。可以在主服务器上创建实时数据，而信息分析可以在从服务器上进行，而不会影响主服务器的性能。

(4) 远程数据分发。您可以使用复制为远程站点创建数据的本地副本，而无须永久访问主服务器。

MySQL 主从复制的体系架构如图 6-2 所示。

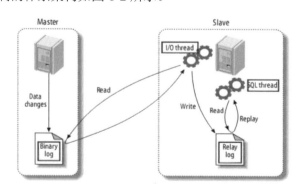

图 6-2　MySQL 主从复制的体系架构

从上层来看，复制分为以下三步。

(1) master 将改变记录到二进制日志(binary log)中(这些记录叫作二进制日志事件，binary log events，可以通过 show binlog events 进行查看)。

(2) slave 将 master 的 binary log events 复制到它的中继日志(relay log)。

(3) slave 重做中继日志中的事件，基于 canal 的数据采集数据采集架构如图 6-3 所示。

二、Canal 在系统中的位置

Canal[kə'næl]，译意为水道/管道/沟渠，主要用途是基于 MySQL 数据库增量日志解析，提供增量数据订阅和消费。基于 Canal 的数据采集架构如图 6-3 所示。

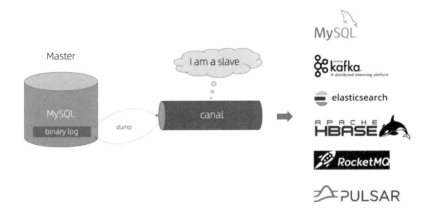

图 6-3 基于 Canal 的数据采集架构

三、Canal 的体系结构

Canal 的体系结构如图 6-4 所示。

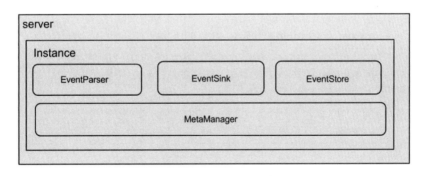

图 6-4 Canal 的体系结构

提示：server 代表一个 canal 运行实例，对应于一个 jvm。

instance 对应于一个数据队列 (1 个 server 对应 1..n 个 instance)。

instance 模块：

(1) eventParser (数据源接入，模拟 slave 协议和 master 进行交互，协议解析)。

(2) eventSink (Parser 和 Store 连接器，进行数据过滤，加工，分发的工作)。

(3) eventStore (数据存储)。

(4) metaManager (增量订阅&消费信息管理器)。

💡 提示：由于 Canal 需要基于 MySQL 的 binlog 日志完成数据的实时采集，因此在实时任务时需要开启 MySQL 的 binlog 日志。

Canal 的工作原理如图 6-5 所示。

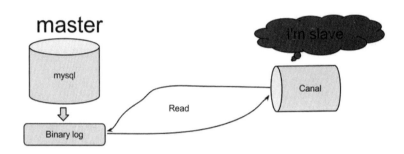

图 6-5　Canal 的工作原理

Canal 的工作原理相对比较简单，具体如下。

(1) Canal 模拟 MySQLslave 的交互协议，伪装自己为 MySQL slave，向 MySQL master 发送 dump 协议。

(2) MySQL master 收到 dump 请求，开始推送 binlog 给 slave(Canal)。

(3) Canal 解析 binlog 对象(原始为 byte 流)。

◉【任务实施】

一、配置 MySQL 数据库

(1) 修改/etc/my.cnf 开启 binlog 日志，命令如下：

```
[mysqld]
#配置 MySQLreplaction 需要定义，不要和 canal 的 slaveId 重复
server-id=1

#开启 binlog
log-bin=/tmp/mysql-bin

#选择 ROW 模式
binlog-format=ROW
```

(2) 重启 MySQL 数据库，命令如下：

```
systemctl restart mysqld
```

(3) 创建用户 Canal，并将 MySQL slave 的权限授予给该用户，命令如下：

```
mysql> CREATE USER canal IDENTIFIED BY 'Welcome_1';
mysql> GRANT SELECT, REPLICATION SLAVE, REPLICATION CLIENT ON *.* TO 'canal'@'%';
mysql> GRANT ALL PRIVILEGES ON *.* TO 'canal'@'%' ;
```

```
mysql> FLUSH PRIVILEGES;
```

二、配置 Canal 采集 MySQL 数据

(1)　从下面的地址下载 Canal 的安装介质，将下载的 Canal 安装包上传到 Linux 环境中。

```
https://github.com/alibaba/canal/releases/download/canal-1.1.6/canal.deploy
er-1.1.6.tar.gz
```

(2)　解压 Canal，命令如下：

```
mkdir /root/training/canal
tar -zxvf canal.deployer-1.1.6.tar.gz -C /root/training/canal
```

(3)　查看 Canal 的目录结构，命令如下：

```
cd /root/training/canal
tree -d -L 3 /root/training/canal
```

输出的信息如下：

```
/root/training/canal
├── bin
├── conf
│   ├── example
│   ├── metrics
│   └── spring
│       └── tsdb
├── lib
├── logs
└── plugin
```

(4)　修改 Example 的配置文件 conf/example/instance.properties，相关参数如下：

```
#################################################
## mysql serverId , v1.0.26+ will autoGen
#canal.instance.mysql.slaveId=0

# enable gtid use true/false
canal.instance.gtidon=false

# position info
canal.instance.master.address=127.0.0.1:3306
canal.instance.master.journal.name=
canal.instance.master.position=
canal.instance.master.timestamp=
canal.instance.master.gtid=

......

# username/password
canal.instance.dbUsername=canal
canal.instance.dbPassword=Welcome_1
canal.instance.connectionCharset = UTF-8
# enable druid Decrypt database password
canal.instance.enableDruid=false
......
```

(5) 启动 Canal，命令如下：

```
bin/startup.sh
```

(6) 查看 server 日志，命令如下：

```
tail logs/canal/canal.log
```

输出信息如下：

```
...... - ## start the canal server.
...... - ## start the canal server[192.168.122.1(192.168.122.1):11111]
...... - ## the canal server is running now ......
```

(7) 查看 instance 的日志，命令如下：

```
tail logs/example/example.log
```

出现错误信息如下：

```
canal org.h2.jdbc.JdbcSQLException: Wrong user name or password [28000-196]
```

解决方案如下：

```
删除 conf/example 中的 XX.mv.db 文件，例如：
rm -rf conf/example/h2.mv.db
```

(8) 重新启动 Canal 并再次查看 instance 的日志，输出的信息如下：

```
- start Cann2022-05-25 11:03:14.942 [main] WARN
c.a.o.canal.parse.inbound.mysql.dbsync.LogEventConvert - --> init ta
- --> init ta2022-05-25 11:03:15.092 [destination = example , address =
/127.0.0.1:3306 , EventParser] WARN c.a.o.c.p
- start successf 2022-05-25 11:03:15.154 [destination = example , address =
/127.0.0.1:3306 , EventParser] WARN c.a.o.c.p
[destination = example , address = /127.0.0.1:3306 , EventParser] WARN c.a.o.c.p
```

(9) 修改 conf/canal.properties 文件，使用 Kafka 接收 Canal 捕获的数据，参数如下：

```
......
# tcp, kafka, rocketMQ, rabbitMQ, pulsarMQ
canal.serverMode = kafka
......
```

💡 **提示**：在 conf/example/instance.properties 中有 Topic 的配置信息，参数如下：

```
......
# mq config
canal.mq.topic=example
......
```

(10) 启动 Kafka。

(11) 启动 Kafka 的消费者，并从 example 的 topic 上接收消息，命令如下：

```
bin/kafka-console-consumer.sh --bootstrap-server \
localhost:9092 --topic example --from-beginning
```

(12) 在 MySQL 数据库中插入数据，命令如下：

```
mysql> create table t1(tid int,tname varchar(10));
Query OK, 0 rows affected (0.03 sec)
```

```
mysql> insert into t1 values(1,'Tom');
Query OK, 1 row affected (0.00 sec)

mysql> insert into t1 values(2,'Mary');
Query OK, 1 row affected (0.00 sec)
```

(13) Kafka 消费者中输出的 JSON 字符串如下:

```
{
    "data": null,
    "database": "demo",
    "es": 1653494209000,
    "id": 1,
    "isDdl": true,
    "mysqlType": null,
    "old": null,
    "pkNames": null,
    "sql": "create table t1(tid int,tname varchar(10))",
    "sqlType": null,
    "table": "t1",
    "ts": 1653494210033,
    "type": "CREATE"
}
{
    "data": [
        {
            "tid": "1",
            "tname": "Tom"
        }
    ],
    "database": "demo",
    "es": 1653494231000,
    "id": 2,
    "isDdl": false,
    "mysqlType": {
        "tid": "int",
        "tname": "varchar(10)"
    },
    "old": null,
    "pkNames": null,
    "sql": "",
    "sqlType": {
        "tid": 4,
        "tname": 12
    },
    "table": "t1",
    "ts": 1653494231249,
    "type": "INSERT"
}
{
    "data": [
        {
            "tid": "2",
            "tname": "Mary"
        }
    ],
    "database": "demo",
    "es": 1653494237000,
    "id": 3,
```

```
    "isDdl": false,
    "mysqlType": {
        "tid": "int",
        "tname": "varchar(10)"
    },
    "old": null,
    "pkNames": null,
    "sql": "",
    "sqlType": {
        "tid": 4,
        "tname": 12
    },
    "table": "t1",
    "ts": 1653494237222,
    "type": "INSERT"
}
```

◉【任务检查与评价】

完成任务实施后，进行任务检查与评价，任务检查评价表如表6-1所示。

表6-1　任务检查评价表

项目名称	企业人力资源员工数据的离线分析			
任务名称	准备项目数据与环境			
评价方式	可采用自评、互评、教师评价等方式			
说　明	主要评价学生在项目学习过程中的操作技能、理论知识、学习态度、课堂表现、学习能力等			
评价内容与评价标准				
序号	评价内容	评价标准	分值	得分
1	知识运用(20%)	掌握相关理论知识，理解本次任务要求，制订详细计划，计划条理清晰，逻辑正确(20分)	20分	
		理解相关理论知识，能根据本次任务要求制订合理计划(15分)		
		了解相关理论知识，并制订了计划(10分)		
		没有制订计划(0分)		
2	专业技能(40%)	结果验证全部满足(40分)	40分	
		结果验证只有一个功能不能实现，其他功能全部实现(30分)		
		结果验证只有一个功能实现，其他功能全部没有实现(20分)		
		结果验证所有功能均未实现(0分)		
3	核心素养(20%)	具有良好的自主学习能力、分析解决问题的能力，整个任务过程中指导过他人(20分)	20分	
		具有较好的学习能力和分析解决问题的能力，任务过程中没有指导他人(15分)		
		能够主动学习并收集信息，有请求他人帮助解决问题的能力(10分)		
		不主动学习(0分)		
4	课堂纪律(20%)	设备无损坏，无干扰课堂秩序言行(20分)	20分	
		无干扰课堂秩序言行(10分)		
		有干扰课堂秩序言行(0分)		

【任务小结】

任务一的思维导图如图 6-6 所示。

图 6-6　任务一的思维导图

在本次任务中，学生需要搭建 Canal 的实验环境并完成与 MySQL 和 Kafka 的集成。通过该任务，学生可以掌握 Canal 的体系架构与实时数据采集的原理。

【任务拓展】

CDC 的核心是通过读取数据库的日志文件，从而达到实时采集数据库的数据。对应 MySQL 数据库而言，读取的是 binlog 日志文件；而对于 Oracle 数据库而言，则读取的是 redo 日志文件。下面是关于 MySQL binlog 日志的详细介绍。

binlog 日志记录了对 MySQL 数据库执行更改的所有操作，但是不包括 SELECT 和 SHOW 这类操作，因为这类操作对数据本身并没有修改。若操作本身并没有导致数据库发生变化，那么该操作也会写入二进制日志。二进制日志的主要作用：①可以完成主从复制。在主服务器上把所有修改数据的操作记录到 binlog 日志中，通过网络发送给从服务器，从而达到主从同步。②进行恢复操作。数据可以通过 binlog 日志，使用 mysqlbinlog 命令，实现基于时间点和位置的恢复操作。

表 6-2 所示为 binlog 日志的三种模式。

表 6-2　binlog 日志的模式

binlog 日志的模式	模式的含义
STATEMENT 模式(SBR)	每一条会修改数据的 SQL 语句记录到 binlog 日志中。优点是并不需要记录每一条 SQL 语句和每一行的数据变化，减少了 binlog 日志量，节约 I/O，提高性能。缺点是在某些情况下导致主从复制中的数据不一致
ROW 模式(RBR)	不记录每条 SQL 语句的上下文信息，仅需记录哪条数据被修改了及修改情况，而且不会出现某些特定情况下的存储过程、存储函数或者触发器的调用问题。缺点是会产生大量的日志，尤其是 alter table 的时候会让日志暴涨
MIXED 模式(MBR)	以上两种模式的混合使用，一般的复制使用 STATEMENT 模式保存 binlog 日志，对于 STATEMENT 模式无法复制的操作使用 ROW 模式保存 binlog 日志，MySQL 会根据执行的 SQL 语句选择日志保存方式

与 binlog 非常相似的一个概念叫作 redo log，表 6-3 所示为两者的区别。

表 6-3　binlog 日志与 redo log 日志的区别

binlog 日志	redo log 日志
binlog 日志是 MySQL 数据库的上层应用产生的，并且二进制日志不仅针对 INNODB 存储引擎，MySQL 数据库中的任何存储引擎对于数据库的更改都会产生二进制日志	redo log 日志是在 InnoDB 存储引擎层产生
binlog 是逻辑日志，其对应的 SQL 语句	InnoDB 存储引擎层面的 redo log 是物理日志
binlog 日志只在事务提交完成后进行一次写入	redo log 在事务进行中不断地被写入，并且日志不是随事务提交的顺序进行写入的
binlog 日志不是循环使用，在写满或者重启之后，会生成新的 binlog	redo log 日志是循环使用
binlog 日志可以作为恢复数据使用，主从复制的搭建	redo log 日志作为异常宕机或者介质故障后的数据恢复使用

下面我们通过一个简单的例子来说明 binlog 日志的作用。

(1) 查看 MySQL 是否启用 binlog 日志，命令如下：

```
mysql> show variables like '%log_bin%';
```

输出的信息如下：

```
+-------------------+------------------------------------+
| Variable_name     | Value                              |
+-------------------+------------------------------------+
| log_bin           | ON                                 |
| log_bin_basename  | /usr/local/mysql/data/binlog       |
| log_bin_index     | /usr/local/mysql/data/binlog.index |
+-------------------+------------------------------------+
```

其中：

log_bin：表示是否开启了 binlog 日志。

log_bin_basename：binlog 日志的基本文件名，最终生成的 binlog 文件会追加标识来表示每一个文件。

log_bin_index：是指 binlog 文件的索引文件，这个文件管理了所有的 binlog 文件的目录。

提示：从 MySQL 8 开始默认启用了 binlog 日志。但是，在 MySQL 8 之前的版本中，默认并没有开启 binlog。需要修改 my.cnf 文件增加下面的参数，并重启 MySQL 以启用 binlog。

```
log-bin=mysql-binlog
server-id=1
```

注意，这里的 mysql-binlog 是生成的 binlog 的文件名。

(2) 将 binlog 日志的格式设置为 STATEMENT，即每条改变数据的语句都被记录到 binlog 中，命令如下：

```
mysql> set binlog_format = 'STATEMENT';
```

💡 **提示**：binlog_format 参数的默认值是 ROW 模式，执行下面的语句：

```
mysql> select @@binlog_format;
```

(3) 输出的信息如下：

```
+------------------+
| @@binlog_format  |
+------------------+
| ROW              |
+------------------+
```

(4) 查看当前的 binblog 日志文件是哪个，命令如下：

```
mysql> show master status \G;
```

输出的信息如下：

```
*************************** 1. row ***************************
            File: binlog.000010
        Position: 12255
    Binlog_Do_DB:
 Binlog_Ignore_DB:
Executed_Gtid_Set: 3f332e68-9d5c-11ec-9a32-000c298c28d2:1-176384
1 row in set (0.00 sec)
```

(5) 创建测试表，并插入测试数据，命令如下：

```
mysql> use demo1;
mysql> create table test4(tid int,tname varchar(10),money int);
mysql> insert into test4 values(1,'Tom',1000);
```

(6) 修改数据，命令如下：

```
mysql> update test4 set money=1234 where tid=1;
```

(7) 查看 binlog 中记录的日志信息，命令如下：

```
mysql> show binlog events in 'binlog.000010';
```

输出的信息如下：

```
use `demo1`; create table test4(tid int,tname varchar(10),money int)
SET @@SESSION.GTID_NEXT= 'ANONYMOUS'
BEGIN
use `demo1`; insert into test4 values(1,'Tom',1000)
COMMIT /* xid=27 */
SET @@SESSION.GTID_NEXT= 'ANONYMOUS'
BEGIN
use `demo1`; update test4 set money=1234 where tid=1
COMMIT /* xid=28 */
```

💡 **提示**：也可以通过下面的语句直接查看 binlog 日志。

```
mysqlbinlog --no-defaults binlog.000001
```

任务二　基于 Flink CDC 完成 MySQL 实时数据的采集

【职业能力目标】

开发 Flink CDC 应用程序完成对 MySQL 实时数据的采集。

6.2 基于 Flink CDC
完成 MySQL 实时
数据的采集

【任务描述与要求】

掌握 Flink CDC 应用程序的开发，完成基于 MySQL binlog 日志完成 MySQL 实时数据的采集，并将采集到的结果输出。

【知识储备】

Flink 社区开发了 flink-cdc-connectors 组件，这是一个可以直接从 MySQL、PostgreSQL 等数据库直接读取全量数据和增量变更数据的 source 组件。目前也已开源，开源地址为 https://github.com/ververica/flink-cdc-connectors。

表 6-4 所示为 Flink CDC 目前支持的 Connector。

表 6-4　Flink CDC 目前支持的 Connector

Connector(连接器)	Database(数据库)	Driver(驱动)
mongodb-cdc	MongoDB:3.6,4.x,5.0	MongoDB Driver: 4.3.1
mysql-cdc	MySQL:5.6,5.7,8.0.x RDS MySQL:5.6,5.7,8.0.x PolarDB MySQL:5.6,5.7,8.0.x Aurora MySQL:5.6,5.7,8.0.x MariaDB:10.x PolarDB X:2.0.1	JDBC Driver: 8.0.27
oceanbase-cdc	OceanBase CE: 3.1.x	JDBC Driver: 5.7.4x
oracle-cdc	Oracle: 11, 12, 19	Oracle Driver: 19.3.0.0
postgres-cdc	PostgreSQL: 9.6, 10, 11, 12	JDBC Driver: 42.2.12
sqlserver-cdc	Sqlserver: 2012, 2014, 2016, 2017, 2019	JDBC Driver: 7.2.2.jre8
tidb-cdc	TiDB: 5.1.x, 5.2.x, 5.3.x, 5.4.x, 6.0.0	JDBC Driver: 8.0.27

目前 Flink CDC 支持以下两种数据源输入方式。

(1) 输入 Debezium 等数据流进行同步。

例如，MySQL->Debezium->Kafka->Flink->PostgreSQL。适用于已经部署好的 Debezium，希望暂存一部分数据到 Kafka 中以供多次消费，只需要 Flink 解析并分发到下游的场景，如图 6-7 所示。

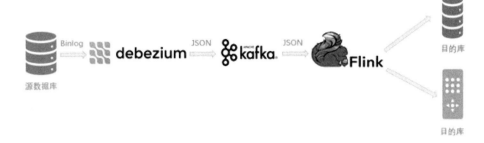

图 6-7　实时数据采集的架构

在该场景下，由于 CDC 变更记录会暂存到 Kafka 一段时间，因此可以在这期间任意启动/重启 Flink 作业进行消费；也可以部署多个 Flink 作业对这些数据同时处理并写到不同的数据目的(Sink)库表中，实现了 Source 变动与 Sink 的解耦。

(2)　直接对接上游数据库进行同步。

Flink CDC 还可以跳过 Debezium 和 Kafka 的中转，使用 Flink CDC Connectors 对上游数据源的变动进行直接的订阅处理。从内部实现上讲，Flink CDC Connectors 内置了一套 Debezium 和 Kafka 组件，但这个细节对用户屏蔽，因此用户看到的数据链路如图 6-8 所示。

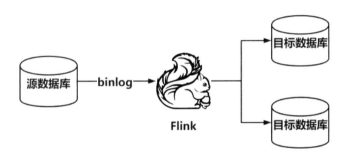

图 6-8　使用 Flink 采集数据

Flink CDC 有两种实现方式：一种是 DataStream；另一种是 FlinkSQL 方式。

(1)　DataStream 方式。优点是可以应用于多库多表，缺点是需要自定义反序列化器。

(2)　FlinkSQL 方式。优点是不需要自定义反序列化器，缺点是只能应用于单表查询。

【任务实施】

提示：这里将以项目一的任务一中创建的 employees 表为例。

(1)　创建 Java 的 Maven 工程，其对应的 pom.xml 文件内容如下：

```
<project xmlns="http://maven.apache.org/POM/4.0.0"
    xmlns:xsi="http://www.w3.org/2001/XMLSchema-instance"
    xsi:schemaLocation="http://maven.apache.org/POM/4.0.0
http://maven.apache.org/xsd/maven-4.0.0.xsd">
    <modelVersion>4.0.0</modelVersion>
    <groupId>demo</groupId>
    <artifactId>FlinkCDC</artifactId>
    <version>0.0.1-SNAPSHOT</version>
```

```xml
<dependencies>
    <dependency>
        <groupId>org.apache.flink</groupId>
        <artifactId>flink-java</artifactId>
        <version>1.12.0</version>
    </dependency>
    <dependency>
        <groupId>org.apache.flink</groupId>
        <artifactId>flink-streaming-java_2.12</artifactId>
        <version>1.12.0</version>
    </dependency>
    <dependency>
        <groupId>org.apache.flink</groupId>
        <artifactId>flink-clients_2.12</artifactId>
        <version>1.12.0</version>
    </dependency>
    <dependency>
        <groupId>org.apache.hadoop</groupId>
        <artifactId>hadoop-client</artifactId>
        <version>3.1.3</version>
    </dependency>
    <dependency>
        <groupId>mysql</groupId>
        <artifactId>mysql-connector-java</artifactId>
        <version>5.1.49</version>
    </dependency>
    <dependency>
        <groupId>com.alibaba.ververica</groupId>
        <artifactId>flink-connector-mysql-cdc</artifactId>
        <version>1.2.0</version>
    </dependency>
    <dependency>
        <groupId>com.alibaba</groupId>
        <artifactId>fastjson</artifactId>
        <version>1.2.75</version>
    </dependency>

    <dependency>
        <groupId>org.apache.flink</groupId>
        <artifactId>flink-table-planner-blink_2.12</artifactId>
        <version>1.12.0</version>
    </dependency>

</dependencies>
<build>
    <plugins>
        <plugin>
            <groupId>org.apache.maven.plugins</groupId>
            <artifactId>maven-assembly-plugin</artifactId>
            <version>3.0.0</version>
            <configuration>
                <descriptorRefs>

<descriptorRef>jar-with-dependencies</descriptorRef>
                </descriptorRefs>
            </configuration>
            <executions>
                <execution>
                    <id>make-assembly</id>
                    <phase>package</phase>
```

```
                    <goals>
                        <goal>single</goal>
                    </goals>
                </execution>
            </executions>
        </plugin>
    </plugins>
</build>

</project>
```

(2) 开发 Flink DataStream CDC 应用程序实时采集 MySQL 数据，启动应用程序，代码如下：

```
package demo;

import org.apache.flink.streaming.api.datastream.DataStreamSource;
import
org.apache.flink.streaming.api.environment.StreamExecutionEnvironment;
import org.apache.flink.streaming.api.functions.source.SourceFunction;

import com.alibaba.ververica.cdc.connectors.mysql.MySQLSource;
import
com.alibaba.ververica.cdc.debezium.StringDebeziumDeserializationSchema;

public class FlinkCDCStream {

    public static void main(String[] args) throws Exception {
        StreamExecutionEnvironment senv = StreamExecutionEnvironment
                                    .getExecutionEnvironment();

        SourceFunction<String> mysqlsource = MySQLSource.<String>builder()
            .hostname("192.168.157.111").port(3306)
            .username("root").password("Welcome_1")
            .databaseList("demo")
            .tableList("demo.table1")
            .deserializer(new StringDebeziumDeserializationSchema())
            .build();

        DataStreamSource<String> source = senv.addSource(mysqlsource);
        source.print();
        senv.execute();
    }
}
```

(3) 在 MySQL 中执行 SQL 操作，命令如下：

```
mysql> insert into employees(employee_id,first_name,email)
        values(1,'Tom','tom@126.com');
mysql> insert into employees(employee_id,first_name,email)
        values(2,'Mike','mike@126.com');
mysql> insert into employees(employee_id,first_name,email)
        values(3,'Mary','mary@126.com');
```

(4) Flink DataStream CDC 应用程序输出的结果如下：

```
3> SourceRecord{sourcePartition={server=mysql_binlog_source},
sourceOffset={ts_sec=1654056899, file=mysql-bin.000002, pos=2450, row=1,
server_id=1, event=2}}
```

```
ConnectRecord{topic='mysql_binlog_source.hr.employees', kafkaPartition=null,
key=null, keySchema=null,
value=Struct{after=Struct{employee_id=1,first_name=Tom,email=tom@126.com},s
ource=Struct{version=1.4.1.Final,connector=mysql,name=mysql_binlog_source,t
s_ms=1654056899000,db=hr,table=employees,server_id=1,file=mysql-bin.000002,
pos=2595,row=0,thread=12},op=c,ts_ms=1654056899848},
valueSchema=Schema{mysql_binlog_source.hr.employees.Envelope:STRUCT},
timestamp=null, headers=ConnectHeaders(headers=)}
4> SourceRecord{sourcePartition={server=mysql_binlog_source},
sourceOffset={ts_sec=1654056908, file=mysql-bin.000002, pos=2749, row=1,
server_id=1, event=2}}
ConnectRecord{topic='mysql_binlog_source.hr.employees', kafkaPartition=null,
key=null, keySchema=null,
value=Struct{after=Struct{employee_id=2,first_name=Mike,email=mike@126.com}
,source=Struct{version=1.4.1.Final,connector=mysql,name=mysql_binlog_source
,ts_ms=1654056908000,db=hr,table=employees,server_id=1,file=mysql-bin.00000
2,pos=2894,row=0,thread=12},op=c,ts_ms=1654056908848},
valueSchema=Schema{mysql_binlog_source.hr.employees.Envelope:STRUCT},
timestamp=null, headers=ConnectHeaders(headers=)}
1> SourceRecord{sourcePartition={server=mysql_binlog_source},
sourceOffset={ts_sec=1654056913, file=mysql-bin.000002, pos=3050, row=1,
server_id=1, event=2}}
ConnectRecord{topic='mysql_binlog_source.hr.employees', kafkaPartition=null,
key=null, keySchema=null,
value=Struct{after=Struct{employee_id=3,first_name=Mary,email=mary@126.com}
,source=Struct{version=1.4.1.Final,connector=mysql,name=mysql_binlog_source
,ts_ms=1654056913000,db=hr,table=employees,server_id=1,file=mysql-bin.00000
2,pos=3195,row=0,thread=12},op=c,ts_ms=1654056913588},
valueSchema=Schema{mysql_binlog_source.hr.employees.Envelope:STRUCT},
timestamp=null, headers=ConnectHeaders(headers=)}
```

(5) 开发 Flink SQL CDC 应用程序实时采集 MySQL 数据，代码如下：

```
package demo;
import
org.apache.flink.streaming.api.environment.StreamExecutionEnvironment;
import org.apache.flink.table.api.bridge.java.StreamTableEnvironment;
public class FlinkCDCSQL {
    public static void main(String[] args) throws Exception {
        StreamExecutionEnvironment senv =
StreamExecutionEnvironment.getExecutionEnvironment();
            StreamTableEnvironment tableEnv =
StreamTableEnvironment.create(senv);

        String sql = "create table employees("
            + "employee_id     int, "
            + "first_name      string,"
            + "last_name       string,"
            + "email           string, "
            + "phone_number    string, "
            + "hire_date       string,"
            + "job_id          string, "
            + "salary          float, "
            + "commission_pct  float, "
            + "manager_id      int, "
            + "department_id   int "
            + ") "
            + "with (";

        sql += "'connector'='mysql-cdc',";
```

```
        sql += "'hostname'='192.168.157.111','port'='3306',";
        sql += "'username'='root','password'='Welcome_1','";
        sql += "database-name'='hr','table-name'='employees')";

        tableEnv.executeSql(sql);
        tableEnv.executeSql("select employee_id,first_name,email from
employees").print();

        senv.execute();
    }
}
```

(6) 在 MySQL 数据库中执行 SQL 操作，命令如下：

```
mysql> insert into employees(employee_id,first_name,email)
       values(4,'Jone','jone@126.com');
mysql> insert into employees(employee_id,first_name,email)
       values(5,'King','king@126.com');
```

(7) Flink DataStream CDC 应用程序输出的结果如下：

```
+----+-------------+------------+---------------+
| op | employee_id | first_name |     email     |
+----+-------------+------------+---------------+
| +I |           4 |       Jone | jone@126.com  |
| +I |           5 |       King | king@126.com  |
+----+-------------+------------+---------------+
```

【任务检查与评价】

完成任务实施后，进行任务检查与评价，任务检查评价表如表 6-5 所示。

表 6-5　任务检查评价表

项目名称	企业人力资源员工数据的离线分析			
任务名称	准备项目数据与环境			
评价方式	可采用自评、互评、教师评价等方式			
说　　明	主要评价学生在项目学习过程中的操作技能、理论知识、学习态度、课堂表现、学习能力等			
评价内容与评价标准				
序号	评价内容	评价标准	分值	得分
1	知识运用 (20%)	掌握相关理论知识，理解本次任务要求，制订详细计划，计划条理清晰，逻辑正确(20 分)	20 分	
		理解相关理论知识，能根据本次任务要求制订合理计划(15 分)		
		了解相关理论知识，并制订了计划(10 分)		
		没有制订计划(0 分)		
2	专业技能 (40%)	结果验证全部满足(40 分)	40 分	
		结果验证只有一个功能不能实现，其他功能全部实现(30 分)		
		结果验证只有一个功能实现，其他功能全部没有实现(20 分)		
		结果验证所有功能均未实现(0 分)		

续表

序号	评价内容	评价标准	分值	得分
3	核心素养 (20%)	具有良好的自主学习能力、分析解决问题的能力，整个任务过程中指导过他人(20 分)	20 分	
		具有较好的学习能力和分析解决问题的能力，任务过程中没有指导他人(15 分)		
		能够主动学习并收集信息，有请求他人帮助解决问题的能力(10 分)		
		不主动学习(0 分)		
4	课堂纪律 (20%)	设备无损坏，无干扰课堂秩序言行(20 分)	20 分	
		无干扰课堂秩序言行(10 分)		
		有干扰课堂秩序言行(0 分)		

【任务小结】

任务二的思维导图如图 6-9 所示。

图 6-9　任务二的思维导图

在本次任务中，学生需要开发 Flink CDC 的应用程序完成对 MySQL 数据的实时采集。通过该任务，学生可以掌握 Flink CDC 应用程序的开发。

【任务拓展】

基于本项目的业务场景和原始数据，请尝试实现基于 Flink CDC 完成对 Oracle 数据库中数据的实时采集。

参 考 文 献

[1] 赵渝强. 大数据原理与实战[M]. 北京：中国水利水电出版社，2022.

[2] 赵渝强. Kafka 进阶[M]. 北京：电子工业出版社，2022.

[3] 许利杰，方亚芬. 大数据处理框架 Apache Spark 设计与实现[M]. 北京：电子工业出版社，2020.

[4] 龙中华. Flink 实战派[M]. 北京：电子工业出版社，2021.